【现代农业科技与管理系列】

现代农业
技术推广理论与实践

主　　编　王华君
副 主 编　刘利平　王安源　马书芳
　　　　　张　春
编写人员　丁文金　许成林　江　腾
　　　　　王秀梅　叶家东　刘家莉
　　　　　管良明

时代出版传媒股份有限公司
安徽科学技术出版社

图书在版编目(CIP)数据

现代农业技术推广理论与实践 / 王华君主编. --合肥:安徽科学技术出版社,2024.1

助力乡村振兴出版计划. 现代农业科技与管理系列

ISBN 978-7-5337-8947-3

Ⅰ.①现… Ⅱ.①王… Ⅲ.①农业科技推广 Ⅳ.①S3-33

中国国家版本馆 CIP 数据核字(2024)第 002120 号

现代农业技术推广理论与实践 主编 王华君

出 版 人:王筱文 选题策划:丁凌云 蒋贤骏 余登兵 责任编辑:王菁虹
责任校对:张晓辉 责任印制:梁东兵 装帧设计:王 艳
出版发行:安徽科学技术出版社 http://www.ahstp.net
(合肥市政务文化新区翡翠路 1118 号出版传媒广场,邮编:230071)
电话:(0551)63533330
印 制:安徽联众印刷有限公司 电话:(0551)65661327
(如发现印装质量问题,影响阅读,请与印刷厂商联系调换)

开本:720×1010 1/16 印张:9.25 字数:125 千
版次:2024 年 1 月第 1 版 印次:2024 年 1 月第 1 次印刷

ISBN 978-7-5337-8947-3 定价:39.00 元

出版说明

"助力乡村振兴出版计划"(以下简称"本计划")以习近平新时代中国特色社会主义思想为指导,是在全国脱贫攻坚目标任务完成并转向全面推进乡村振兴的重要历史时刻,由中共安徽省委宣传部主持实施的一项重点出版项目。

本计划以服务乡村振兴事业为出版定位,围绕乡村产业振兴、人才振兴、文化振兴、生态振兴和组织振兴展开,由《现代种植业实用技术》《现代养殖业实用技术》《新型农民职业技能提升》《现代农业科技与管理》《现代乡村社会治理》五个子系列组成,主要内容涵盖特色养殖业和疾病防控技术、特色种植业及病虫害绿色防控技术、集体经济发展、休闲农业和乡村旅游融合发展、新型农业经营主体培育、农村环境生态化治理、农村基层党建等。选题组织力求满足乡村振兴实务需求,编写内容努力做到通俗易懂。

本计划的呈现形式是以图书为主的融媒体出版物。图书的主要读者对象是新型农民、县乡村基层干部、"三农"工作者。为扩大传播面、提高传播效率,与图书出版同步,配套制作了部分精品音视频,在每册图书封底放置二维码,供扫码使用,以适应广大农民朋友的移动阅读需求。

本计划的编写和出版,代表了当前农业科研成果转化和普及的新进展,凝聚了乡村社会治理研究者和实务者的集体智慧,在此谨向有关单位和个人致以衷心的感谢!

虽然我们始终秉持高水平策划、高质量编写的精品出版理念,但因水平所限仍会有诸多不足和错漏之处,敬请广大读者提出宝贵意见和建议,以便修订再版时改正。

本册编写说明

农业农村现代化根本出路在于科技进步，现代农业科技进步离不开现代农业技术的推广。为助力乡村全面振兴，发挥科研院所和农业技术推广部门的专业优势与技术力量，针对现代农业技术推广中存在的主要问题与现实需求，我们组织经验丰富的农业技术推广专家编写本书。本书立足现代农业技术，重点回答了"推广什么""如何推广""谁来推广"的问题，力求系统全面，通俗易懂，突出"科普性""实用性"。

本书分"绪论""现代农业技术推广理论""现代农业技术推广主要内容""现代农业技术推广主要方法""现代农业技术推广队伍建设""现代农业技术推广评价""现代农业技术推广项目申报与实施""农业政策与法规概述"共八章。本书由农业技术推广专家以及一线农业技术推广骨干参加编写，用大量的推广案例展示现代农业技术推广的内容、方法、队伍建设、项目申报、绩效考评等现代农业技术推广的实践，做到理论与实践的有机结合。本书的出版，旨在为广大农业技术推广人员、高素质农民、农业管理人员以及科研人员等开展科技宣传、技术培训、技术推广与科学研究等工作提供参考。

本书编写时得到了安徽农业大学、安徽省农业技术推广总站、宿州市农业农村局、无为市农业技术推广中心、绩溪县农业技术推广中心、黄山市黄山区农业技术推广服务中心、滁州市琅琊区农业技术推广中心等科研院所、农业农村部门的大力支持，在此表示衷心的感谢。

目 录

第一章　绪　论

第一节　现代农业技术推广基本概念

一　农业推广

从全球农业技术推广发展史来看，农业推广概念是随着时空变化、技术发展演变而来的，有狭义和广义之分。其中，狭义的农业推广起源于英国剑桥和牛津大学1867年的“推广教育”及20世纪初美国大学的“农业推广”，是把大学和科研机构的研究成果，特别是新技术和新模式传授给农民，促进农业发展、农民增产增收。广义的农业推广，已不单纯指推广农业技术，还包括农村环境治理、农民技术培训以及乡村管理等方面的农业农村社会活动。

20世纪30年代，我国普遍使用“农业推广”一词，中华人民共和国成立后则改称“农业技术推广”。根据《中华人民共和国农业技术推广法》的规定，农业技术是指应用于种植业、林业、畜牧业、渔业的科研成果和实用技术，包括良种繁育、肥料施用、病虫害防治、栽培和养殖技术，农副产品加工、保鲜、贮运技术，农业机械技术和农用航空技术，农田水利、土壤改良与水土保持技术，农村供水、农村能源利用和农业环境保护技术，农业气象技术以及农业经营管理技术等。农业技术推广，是指通过试验、示范、培训、指导以及咨询服务等，把农业技术普及应用于农业生产产前、产中、产后全部过程的活动。

二 现代农业技术推广

现代农业技术是指提高农业生产效率、提升农产品质量和增加农业生产者收益的一系列先进的科学技术和管理方法，是多种现代高新技术集成的技术体系，包括育种技术、耕作技术、养殖技术、加工技术、保鲜技术、装备技术、生物技术、信息技术，等等。

现代农业技术推广是指将现代农业科学技术和管理方法应用于农业生产中，并通过推广和普及，使农民熟悉和掌握这些技术，以提高农产品的产量和品质，实现农业的可持续发展。

现代农业技术推广主要包括以下几个方面。

(1)新品种选育技术推广。如利用遗传学、细胞生物学、现代生物工程技术等方法、原理培育生物新品种，运用杂交育种、诱变育种、基因工程育种、细胞工程育种等技术，培育具有产量高、抗性强、品质优的作物品种。

(2)高效耕作技术推广。如利用测土配方施肥、水肥一体化灌溉、避雨栽培、基质栽培等技术，提高肥料利用率，节水增效，实现优质高产。

(3)精细化养殖技术推广。如利用智能养殖、疫病综合防控、粪污处理与资源化利用等技术，提增养殖效益。

(4)装备技术推广。如引进并应用农业机械和自动化设备、精准农业技术等，提高农业生产作业效率，降低生产成本。

(5)生物技术推广。如将转基因技术、分子诊断技术、生物制剂等，用于农作物品种改良、病虫害防治、环境修复等方面。

(6)信息技术推广。如应用农业大数据分析、云计算、物联网等技术，提供农业生产管理、市场信息、决策支持等方面的服务。

第二节　农业技术推广体系简介

农业技术推广体系类型多样，具体可分为：以政府为主导的农业技术推广体系、非政府性质的农业技术推广体系。包括以大学和农业科研单位为基础的农业技术推广体系、农业投入品生产企业所建立的农业技术推广体系、新型农业生产主体和农业社会化服务组织等构成的农业技术推广体系及其他形式的农业技术推广体系。

一　我国农业技术推广体系

我国农业技术推广的历史源远流长，可以上溯到上古时期。考古发现证明，早在8 000年以前，我们的祖先已将野生粟驯化改良成栽培粟，并在中原广大地区推广。我国农业技术推广体系建设最早始于清末。从20世纪50年代起，我国自上而下建立了各级科技体系，该体系包括农业科研、教育和推广以及农业生产资料供应系统。四大系统中除农业生产资料供应属于企业性质并从事化肥、农药等的经销外，农业科研、教育和推广均属于事业性质，其中农业技术推广机构遍布县、乡（镇）两级政府，属于政府部门下属的专门从事农业技术推广活动的组织。我国于1985年前后启动了农业科技体制改革，其主要措施是允许科研与技术推广部门从事一些与专业有关或无关的经营创收活动。在近年来的行政单位体制改革过程中，特别是随着《中华人民共和国农业技术推广法》《国务院关于深化改革加强基层农业技术推广体系建设的意见》《中共中央关于推进农村改革发展若干重大问题的决定》等法律法规相继出台，农业技术推广工作得到高度重视，总体上形成“一主多元”的农业技术推广体系。农业技术推广对我国农业生产技术进步和农村经济工作推进及农民收入提高起到了很大的促进作用。

2012年3月，教育部、科技部出台《关于开展高等学校新农村发展研究院建设工作的通知》，要求“依托高等学校通过与县、市级人民政府共建综合示范基地、特色产业基地以及分布式服务站等，建立稳定、实质性的合作，形成长效发展机制”。2012年4月以来，教育部、科技部联合批准了39所高校建立“新农村发展研究院”，开展“大学推广体系”试点工作。涉农高校院所围绕区域内现代农业发展的现实要求和综合需求，构建政、产、学、研、用、推深度融合的农业技术推广模式。涉农高校院所遵循增产增效并重、良种良法配套、农机农艺结合、生产生态协调的基本要求，开展基础性、前沿性、公益性科学研究，重点研发农业主导产业转型升级、提质增效所需的关键技术，并进行技术成果集成示范和推广应用，推动农业技术研发“最初一公里”和科技推广“最后一公里”有机衔接。大学农业推广的立足点和出发点是探索“技术创新与技术推广的有机结合、农业科技成果快速转化的新机制”，实现从技术支撑农业发展向支撑引领并重转变，从一般性面向传统农户开展服务到重点面向地方政府、企事业单位、村集体、农业新型经营主体开展服务转变，从技术服务向人才培养、技术培训、模式推广、决策咨询、创新创业并重转变，从服务农业产业关键环节向服务农业全产业链转变。

二 国外农业技术推广体系

在国外农业技术推广中，美国、印度等都应用了大学推广模式，其中印度是两套推广系统并存，既采用乡村工作人员系统，又采用乡村推广员系统。每个分区设推广干事若干名，每位干事指导、培训和管理6~8名乡村推广员。乡村推广员按计划每人负责700~800个农户，但由于印度农民众多，实际每人要负责800~1 000户。

美国历经半个世纪、通过三个法案建立了大学农业技术推广体系。1862年通过莫里尔法即《赠地学院法案》，1887年通过汉奇法即《农业试验站法案》，1914年通过史密斯和勒沃尔法即《合作农业推广法案》，形成了较为完整的“农学院—试验站—推广站”农业推广体系。美国的大学农业技术推广具有以下特点：一是社会性。州立大学农学院必须承担州范围内农业推广的组织管理工作，必须在区域农业中心区建立试验站，在县成立推广站。二是公益性。推广人员充当教育者与服务者的角色，参与推广的还有大量的志愿者。三是多样性。美国的大学农业技术推广立足农场与社区开展农业科技服务、家政服务，特别是青年“4H”服务（健脑、健手、健心、健身）影响大、效果好。四是独立性。美国州立大学农学院是州农业技术推广的管理与业务部门，农学院院长兼任州农业技术推广中心主任、区域试验站（中心）主任及县推广站推广人员。

第三节　现代农业技术推广发展趋势

现代农业技术推广对现代农业技术创新与应用、农业科技进步与农业农村现代化推进具有重要作用，在发展的过程中也存在一些问题。在新形势下，现代农业技术推广面临着新机遇与新挑战。

一　存在的问题

（1）基层推广人员不足。由于涉农高校培养的农业专业人才难以下到基层，原有推广人员老龄化，人员结构梯次断层，基层农业技术推广人员严重不足。

（2）农业生产经营主体对农业技术推广认识不到位。农业生产经营主体仍然有不重视科学、不重视技术的现象，有凭经验、同行推荐的现象，主动找农业技术人员的积极性不够。

（3）技术推广针对性不强、成效不明显。农业技术推广人员存在知识老化、调研不充分等现象，技术推广落地不够，往往推广和应用脱节，有的效果还不明显。

（4）推广经费难以保证，公益性技术推广多，市场化技术推广不足。农业技术推广经费不足，难以实现推广的深度与广度，推广效果打折扣。

（5）科研院校推广没有得到足够的重视。大学农业技术推广是一支重要的力量，是公益性推广的重要组成部分，但实践中难以依推广工作量核加学校教师编制，处于“有职能无职责”的状况。

二 加强现代农业技术推广的有效途径

1. 政府重视，加强法律法规制度保障

各级政府要进一步重视现代农业技术推广工作，将其作为服务“三农”与乡村振兴工作来抓，作为科技进步、科技创新工作来抓，同时面对新形势、新需求、新任务，出台一些支持政策和法律法规，进一步促进与规范现代农业技术推广工作。

2. 加强新生代现代农业技术推广专业队伍建设

涉农高校要招收农业类专业定向生，确保一定数量的年轻农业专业技术人员到县和乡镇从事农业技术推广工作，同时要加强农村现有农业技术推广人员的培训，提高他们的农业专业知识与推广能力。农业技术推广专业队伍中还有一支重要力量那就是农民技术员，他们有丰富的实践经验，但他们的文化水平不高，因而要提高他们的学历层次，补充理论知识。

3. 多措并举，确保推广经费

现代高效农业需要更多的现代化技术的支持。政府要提供专项经费与项目经费支持技术推广，农业企业或合作社也要以市场化的方式给予技术服务经费的支持。大力推进项目化与市场化的技术服务，既有针对性，又有责任性与实效性。

4. 拓展推广内容，给予“三农”更多的服务

随着乡村振兴的推进，地方“农业、农村、农民”服务需求更加迫切。农业技术推广人员不仅要在农业生产全产业链上为农民提供技术服务，提高他们品牌创建、环境治理与生态保护的能力，还要帮助农民发展特色小村小镇，发展休闲观光农业、智慧农业与创意农业，以信息化、产业化促进农业现代化，实现增产增收。

5.赋予农业高校推广的重要职能

近几年的试点证明，大学农业技术推广能有效地将创新源头与生产技术需求相结合，有力地提升农业技术推广的实效。建议有关法律法规进一步明确高校特别是农业高校在农业技术推广中的作用与地位，让农业高校依法参与推广，依法履行职责，依法获得更多人、财、物的支持。同时，农业高校应依法依规对推广专家及推广工作者的绩效给予充分的肯定，在年终考核与职务、职称晋升中给予更多的倾斜，让广大推广人员的积极性与创造性得到充分发挥。

案例：我国大学农业技术推广的主要模式

1."科技小院"模式

中国农业大学资源与环境学院2009年在全国成立了第一个"科技小院"。十年多来，在河北曲周、云南镇康、吉林梨树、陕西洛川、山西吕梁、山东莱西、安徽庐江、安徽埇桥等地建立"科技小院"，采用"科技长廊""科技小车""科技胡同""田间观摩"等方式普及农业技术，破解农民与科技人员脱节、科研与生产脱节难题。针对小农户知识不足、信息和资源缺乏、服务支撑不够等问题，学院同科研院所、农民合作社、企业开展合作，打造"科教专家—政府推广—校企合作"多元化的扶贫模式。

2."农业专家大院"模式

西北农林科技大学通过"专家+龙头企业+农户"技术服务形式，以大学专家为带头人、以当地技术人员为骨干建立乡土专家小院和示范点，形成"农业专家大院"农业科技推广模式。"农业专家大院"模式由在本产业具有较大影响力的科教人员担任首席专家，注重发挥地方推广机构人才的积极作用，围绕产业组建了多学科、多层次结合的强大专家团队，形成了"分工明晰、职责明确、合作紧密"的全新技术创新与推广人才梯次结构和管理体系。将大学科学研究、政府科技推广经费与大学推广专家等资源捆绑使用，有效提高了各类科技推广资源的配置效率和使用效果。

3."农业科技大篷车"模式

“农业科技大篷车”是南京农业大学探索形成的农业技术推广模式。结合高校自身特点、优势和各地的实际情况,“农业科技大篷车”在传播农业科技的同时,为农民提供信息、技术咨询与培训服务等。在开展农业科技推广的过程中,“农业科技大篷车”能深入田间地头。这种模式简便、快捷,特别是在农业科学普及、农民的科技文化素质提高方面,很有成效。

4."农业专家在线"模式

“农业专家在线”是东北农业大学探索形成的农业技术推广模式,充分发挥大学信息资源与信息技术的优势,采取互联网、手机短信等多种形式为农民提供方便、快捷的农业科技信息服务,具有传播效率高、成本低的特点。技术服务团队以东北农业大学咨询专家为主体,协调省内外同行专家、基层农技推广专家,是一支复合型的咨询专家队伍。

5."农业综合开发"模式

“农业综合开发”是河北农业大学探索形成的农业技术推广模式。通过在太行山区贫穷落后地区开展农业综合开发,进行技术指导与培训,培养致富带头人,帮助当地农民脱贫致富。该模式是以河北农业大学教师技术力量为主体,结合地方技术骨干、种养大户参与的技术服务体系。

6."一站一盟一中心"模式

安徽农业大学将研发主体、行政主体、推广主体、经营主体“四体融合”,建立了8个永久性区域综合试验站,探索形成了“一站(区域性农业综合试验站)、一盟(现代农业产学研联盟)、一中心(现代农业技术合作推广服务中心)”的新型模式,见图1-1。围绕产业链、技术链、服务链、资金链、价值链,建立了技术创新与产业需求协同、专家团队与推广团队无缝对接,创新、示范、推广一体化等长效机制,形成了扎根江淮大地,产学研紧密结合、教科推多位一体的大学农业技术推广“安农模式”。

图1-1 安徽农业大学“一站一盟一中心”农业技术推广模式与“四体融合”校地合作模式

第二章 现代农业技术推广理论

现代农业技术推广的理论涉及到教育、心理、行为、创新等方面理论知识。这里主要介绍需求、动机、行为、采用、扩散等相关知识。

第一节 行为产生与改变

行为是人在一定的自然和社会环境影响下所出现的生理、心理变化的外在反应。人的行为一般具有明确的目的性和倾向性，是人们动机、需求、思想、感情等因素的综合反映。行为是人对外界刺激产生的积极反应。需求是动机产生的前提，动机是行为的导向。

一 行为产生

人的行为产生的原因有三个方面，即人的内在条件、外部条件和无意识。它们之间既相互独立又相互影响，并与环境相互作用构成人的行为机制。所谓内在条件，是指人的生理需求、心理需求和文化因素等；外部条件即外来的刺激因素，如群体压力、传统习俗、传统文化和价值观等。无意识，包括下意识和潜意识。下意识，是一种不知不觉、无意识的心理活动，它不能用言语表达；潜意识，指人体的本能欲望或本能冲动。

行为科学认为，任何行为都是为了实现人所计划的特定目标的。实现特定目标的行为是由动机支配的，而动机则是由需求引起的。当一个目标实现之后，新的目标又会诱发新的需求。需求、动机、行为和目标之间存在密切的联系，行为理论中的行为发生过程如图2-1所示。

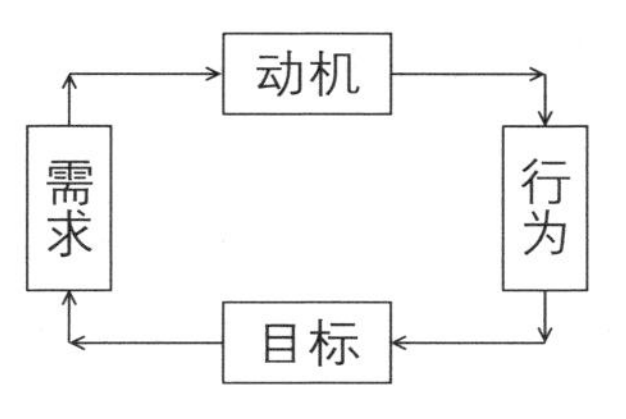

图2-1　行为发生过程图解

1. 需求层次论

所谓需求，是指人们对某种目标的渴求或欲望。需求是个体行为和心理活动的根本动力，它在个体的行为、活动、心理过程和个性、倾向性方面起重要作用。需求是人的行为产生的心理原因，人的一切行为、活动，归根到底是由需求引发的，当个体某种需求没有得到满足时，就会促使人去从事满足需求的行动，从而产生相应的动机。人们生活在一个特定的自然和社会文化环境中，往往有各种各样的需求。不同的人有着不同的需求，同一个人在不同的阶段也有不同的需求。美国心理学家亚伯拉罕·马斯洛的需求层次理论将需求分为生理需求（Physiological needs）、安全需求（Safety needs）、社会需求（Social needs）、尊重（Esteem needs）和自我实现（Self-actualization needs）5类，依次由较低层次到较高层次排列，见图2-2。由低级向高级呈阶梯状排列，即"生理需求→安全需求→社会需求→尊重需求→自我实现需求"。

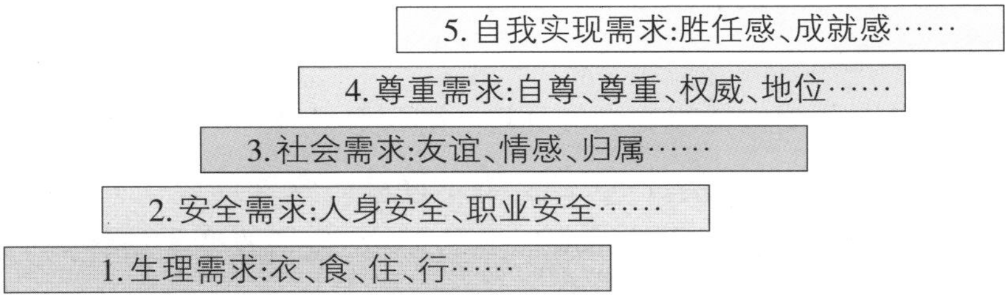

5. 自我实现需求:胜任感、成就感……
4. 尊重需求:自尊、尊重、权威、地位……
3. 社会需求:友谊、情感、归属……
2. 安全需求:人身安全、职业安全……
1. 生理需求:衣、食、住、行……

图2-2　马斯洛需求层次示意图

2. 动机理论

（1）动机的概念。动机是由需求引发的，是指为满足某种需求而进行活动的念头或想法。它是激励人们去行动，并达到一定目的的内在原因。动机是行为的动因，它规定着行为的方向。

(2)动机的形成。动机的形成要经过意向形成、意向转化为愿望、愿望形成动机等不同阶段。动机不仅受个体自身的身心状况的影响，还受自然环境要素的影响，是内在条件与外在条件相互影响、相互作用的结果。

(3)动机的作用。动机能激发个体产生某种行为，是行为的原动力与续动力，能调节个体行为的强度、时间和方向，是调节行为的控制器。

二 行为改变

1.改变行为的基本策略

人的行为是个体因素与外在环境相互作用的结果，因此改变农业生产经营者行为可以采取改变生产者、改变环境以及同时改变生产者和环境这三种策略。

(1)改变生产者。通过技术培训、技术指导等手段，提高生产者科技文化素质，增强他们认识现代农业技术、运用现代农业技术的能力。从兴趣、信念、理想等个性心理上影响他们，从需求激发、目标诱导等方面去激励他们，从知识、技能等方面去改变他们。

(2)改变环境。环境既包括以自然生态等为内容的物质因素，也包括以人文生态等为内容的非物质因素。改变环境包括改变自然环境和改变社会环境。

改变自然环境包括改变大气环境、水环境、土壤环境、地质环境和生物环境等，如改善灌溉条件、改善土壤条件等。改变社会环境是指改变由人与人之间的各种社会关系所形成的环境，包括改变经济体制、文化传统、社会治安、邻里关系、家庭关系等。

(3)同时改变生产者与环境。在改变生产者自身素质的同时，改变可能对生产者的家庭条件、生产环境、科技环境、交通环境、通信环境等产生影响的因素，从内因和外因两个方面同时促进生产者行为的改变。

2.改变行为的方法

(1)改变个人行为的方法。一是强制改变。政策与法规约束的行为以及危害社会和他人的不良行为或犯罪行为,如违反知识产权保护、生态环境保护、食品安全、非粮化、非农化政策等规定的有关行为,均须强制改变。

二是自愿改变。农业生产经营者根据现实需要自愿主动积极地改变行为。根据农业生产经营者的迫切需求,选择推广项目,激发和利用农业生产经营者的采用动机;加强创新宣传,增强农民的认识,改变他们的态度,通过创新的目标吸引他们的采用行为。这是适应农民需求,促进农民自愿改变的有效方法。

三是建议改变。农业生产经营者根据农业技术员或专家的建议改变自己的行为,如改变栽培模式、选用优质品种、选用生物农药等。建议改变可以让他们认识到自身需要改变,也能够改变。

四是培训教育。通过改变农业生产经营者的知识和技能,让他们认识到改变的必要性和可能性,逐步改变其态度和行为。

(2)改变群体行为的方法。一是会议研讨。当群体意见不一致时,通过研究讨论方法,分析主客观原因、解决问题的路径,统一大家意见并加以推广实施。如对某个栽培品种意见不统一,可以召开有关会议研究讨论,分析情况,统一思想。

二是实地参观。对采用创新成果有不同意见的群体,组织他们去实地参观,改变他们对创新成果的认识和态度,从而改变行为,统一思想。如对某个栽培模式的推广大家认识不一致,可以组织大家去不同模式现场参观比较,统一认识。

三是专家指导。通过专家培训分析指导来统一行动,实现行为改变。专家有前沿理论、试验数据,权威性高,所以在对某种新的种植技术认识不一致时,专家的建议容易被大家接受,促进农业生产经营者行为改变。

第二节　农业技术创新采用与扩散

一　农业技术创新采用

1.农业技术创新

创新理论经济学家约瑟夫·阿洛伊斯·熊彼特在其名著《资本主义、社会主义和民主主义》里提出，创新就是建立一种新的生产函数。创新就是将从来没有过的生产要素和生产条件的新组合引入生产体系。创新包括：提高产品质量、新的生产方法、新材料、新市场、企业新的组织形式等。概括地说，只要有助于解决问题，与农民生产和生活有关的各种实用技术、知识和信息都可以理解为创新。农业技术创新指农业新技术的发明或新技术的研发过程。

2.农业技术创新的分类

(1)按创新对象的不同，可分为种质创新、产品创新和方法创新。种质创新包括种质资源改造、动植物新品种选育等。产品创新包括新化肥，新农药，装备的研制、推广、应用等。方法创新包括栽培技术、饲养技术、土壤改良技术、防疫技术、灌溉技术等的创新。

(2)按技术创新阶段的不同，可分为科研成果创新、开发成果创新和推广应用创新。科研成果创新是指以农业科研成果突破为主导因素的技术创新。开发成果创新是以开发过程中投入人力物力进而取得突破为特征的技术创新。推广应用创新是指推广应用的技术与方法创新。

3.农业技术创新的采用过程

农业技术创新的采用过程是指农业经营主体采用农业创新技术的心理、行为变化过程。农业技术创新的采用过程可分为5个阶段。

(1)认知阶段。认知阶段也称为感知阶段。农业经营主体通过各种途径获得新品种、新技术、新装备、新模式等信息，这些信息包括专利等技术成果与实用技术,如栽培技术、饲养技术等。

(2)兴趣阶段。农业经营主体在认识的基础上,考虑到创新成果可能会给自身带来一定的生产经营方面的好处,这时就会对这项创新成果或技术产生兴趣,产生学习念头,想进一步了解技术内容、投资程度、所需生产资料、效益预算、承担风险能力、是否有采用条件,等等。

(3)评价阶段。农业经营主体根据以往资料对该项创新的各种效果进行较为全面的评价,在从业同行或推广人员的协助下进行分析,得出肯定或否定的结论。评价依据主要有:①承受能力;②预期效益;③风险程度;④市场前景。

(4)试用阶段。为了减少投资风险,农业经营主体先进行小规模采用(试用),为今后大规模采用做准备。应用创新技术后,评估其产生的经济效益与最佳的生产规模。

(5)采用阶段。农业经营主体根据试用阶段状况,确定采用的创新技术与生产经营的实践成果。

4.采用过程推广方法的选择

在创新采用的不同阶段,推广工作的重点不同,所采用的方法也不同。采用过程可推广以前没有推广的技术、已推广的技术以及从当地实际出发选择推广方法。

在不同阶段采用适合本阶段的最有效的方法。①认识阶段,大众传播是本阶段最常用的方法。应通过电视广播、网络媒体、成果示范、组织参观等方法,尽快地让更多的农业经营主体提高认识、加深印象。②兴趣阶段,成果示范、组织参观与典型介绍是帮助农业经营主体增强兴趣的有效方法。③评价阶段,提供先期试验结果和组织参观,协助农业经营主体正确进行评价,促使他们尽快做出决策。④试用阶段,推广机构应验证原来的试验结果,使该结果更可靠。⑤采用阶段,宜以方法示范和技术指导为主,同时提供配套的服务。

二 农业技术创新扩散

农业技术创新扩散是指一项创新由最初采用者或采用地区向外扩散、转移到更多的采用者或采用地区。研究农业技术创新扩散规律,对于提高现代农业技术推广工作效率具有重要意义。

1.农业技术创新扩散方式

农业技术创新的扩散方式多种多样,受历史发展阶段、生产力水平、社会及经济技术条件的影响。通常在农业技术推广与实践中主要采用传习式扩散、接力式扩散、波浪式扩散、跳跃式扩散几种方式。

(1)农业技术传习式扩散。农业技术传习式扩散是一种古老传统的扩散方式,包括口口相传、子子孙孙代代相传、户户相传等。这种扩散方式优点是有利于推广简单的通俗易懂的实用技术,稳定性与可操作性较好;不足之处是由于代代连续不断地往下传,创新性不够,难以满足现代农业科技发展的需求。

(2)农业技术接力式扩散。接力式扩散也称为单线式扩散,一般是指保密性或封锁性技术进行单一接力传播。在传统农业社会,一些技术秘方以师父带徒弟的方式往下传。这种扩散方式范围小,在现代农业技术传播中应用较少。

(3)农业技术波浪式扩散。农业技术波浪式扩散也称为农业技术辐射式扩散,是由农业技术推广机构、科研院所将创新成果呈波浪式向四周辐射、扩散,一级一级、一层一层向周围扩展,推广力度大、范围广,这是当代农业技术推广普遍采用的方式。

(4)农业技术跳跃式扩散。农业技术跳跃式扩散打破常规波浪式扩散方式,根据农业生产实际需求有针对性的一对一地传播,通过运用现代化信息技术向需求对象传播现代农业先进技术,从而大大提高农业劳动效率。这种扩散方式针对性强、时效性强。随着扩散手段现代化程度的不断提高,这种方式将得到广泛应用。

2.农业技术创新扩散过程

农业技术创新的扩散过程是指由少数人采用,发展到多数人广泛采用的过程。根据其规律,创新扩散过程可分为突破阶段、紧要阶段、跟随阶段与从众阶段。

(1)突破阶段。科学文化素质较高、有创新改革精神的农业生产者,从社会进步和改革发展的责任出发,率先扩散与推广农业技术创新,这使一小部分人实现技术扩散突破。

(2)紧要阶段。这一阶段创新成果由创新者向早期采用者扩散,是创新能否进一步扩散的关键阶段。创新成果试用成功后得到更多人的认可,实现较快扩散。

(3)跟随阶段。当创新的效果明显时,早期多数生产者认为创新有利可图,也会以极大的热情主动采用,因而这一阶段又被称为自我推动阶段。

(4)从众阶段。当创新的扩散已形成一股势不可挡的潮流时,创新在整个社会系统中被广泛普及并采用。

三 影响农业创新采用与扩散的因素

1.生产经营条件的影响

农业生产者生产作物类型、生产规模、生产模式、生产地点等条件对农业创新的采用与扩散影响很大。如大田农作物对农业机械装备的技术要求高,有利于大型机械的技术推广与应用;设施蔬菜生产需要水肥一体化技术、信息化技术的采用与推广。

2.不同创新技术的影响

不同农业创新技术对农业创新的采用与扩散影响不同。如农业信息化技术的采用与扩散在高效设施农业中应用得多,年轻人容易接受;新品种推广比栽培新模式推广更容易;等等。

3. 生产者自身因素的影响

农业生产者的知识、技能、性格、年龄及经历等都对接受创新有影响。农业生产者年轻、文化程度高则求知欲强，对农业新知识的学习、对农业新技术的钻研自觉性高。

4. 社会因素的影响

国家有关农业的方针、政策，包括农村的经营体制、土地所有制及土地使用权、农业生产责任制的形式等对农业创新的采用与扩散有很大的影响。如适度规模经营对生产技术有一定的要求，稻虾养殖对田间管理技术有特殊要求。有关科研、教学、推广人员的政策，家庭农场、合作社政策以及良种补贴、电商政策，等等，也影响着农业创新的采用与扩散。

第三章 现代农业技术推广主要内容

现代农业技术推广内容，包括种植业、林业、畜牧业、渔业的科研成果和实用技术，如良种繁育技术，肥水管理技术，病虫草害防治技术，栽培和养殖技术，农副产品加工、保鲜、贮运技术，农业机械技术，农田水利技术，土壤改良与水土保持技术，农业环境保护技术等，还有农业信息化技术、设施农业生产技术、农村能源利用技术、农业经营管理技术、农业推广新模式等。主要推广农业新品种、新技术、新装备、新模式"四新"技术成果。

第一节 现代农业"四新"技术成果

一 农业科技成果概念

"农业科技成果"是"农业科学技术成果"的简称，是指在农业方面取得的科技成果，广义的"农业科技成果"包括种植业、林业、畜牧业、渔业等方面的科技成果。

我国对农业科学技术成果十分重视。国家出台《中华人民共和国科学技术进步法》《中华人民共和国促进科技成果转化法》，鼓励和支持农业技术研究，加快农业科技成果转化，鼓励农业技术服务机构、科技特派员和农业群众性科技服务组织为农、林、牧、渔业等发展提供产前、产中和产后技术服务，引导建立社会化、专业化、网络化、信息化和智能化的技术交易服务体系，促进科技成果推广与应用。

二 现代农业科技"四新"技术简介

1.农业新品种

利用原有品种中的自然变异或先应用杂交或人工诱变等方法创造新类型,再通过选择、繁殖、比较试验,选育出符合生产需求的新品种。2023年农业农村部推介的优良品种涉及骨干型、成长型、苗头型和特专型4种品种类型,见表3-1,其中,骨干型品种80个、成长型品种66个、苗头型品种64个、特专型品种31个。重点推介了10种农作物、241个优良品种,包括水稻、小麦、玉米优良品种97个,大豆、油菜、花生优良品种70个,马铃薯、大白菜、结球甘蓝等优良品种61个。同时,兼顾重要战略物资,推介了13个棉花品种。

表3-1 农业新品种

作物	骨干型品种	成长型品种	苗头型品种	特专型品种
水稻	龙粳31、南粳9108、黄华占、晶两优534、中嘉早17、隆两优华占、荃优822、宜香优2115、美香占2号、晶两优华占	绥粳27、晶两优8612、隆两优534、野香优莉丝、中早39、荃优丝苗、荃两优丝苗、甬优1540、商粳5718	玮两优7713、川康优2115、泰优808、玮两优8612、两优5078、荃两优069、中浙优H7、荃两优1606、玉龙优1611、九优27占、华浙优210、卓两优1126、宁香粳9号、青香优19香、农香42	旱优73(节水抗旱稻)、丰两优香一号(再生稻)
小麦	济麦22、百农207、西农979、郑麦379、山农28号、鲁原502、川麦104、镇麦12号、中麦175、中麦1062	济麦44、百农4199、西农511、周麦36、川麦505、宁麦26、洛旱22、中麦36	中麦578、艾麦180、冀麦765、轮选49、川辐14、川麦93、扬麦33、华麦11号、渭麦9号	京麦188(耐盐碱小麦)、小偃60(耐盐碱小麦)

续 表

作物	骨干型品种	成长型品种	苗头型品种	特专型品种
玉米	郑单958、先玉335、京科968、登海605、德美亚1号、德美亚3号、和育187、苏玉29、京农科728、中单808、正大808	裕丰303、中科玉505、郑原玉432、东单1331、优迪919、秋乐368、先达901、MC121	京科999、农大778、兴辉908、中玉303、罗单297、陕单550、翔玉878、铁391	京科糯2000(鲜食糯玉米)、万糯2000(鲜食糯玉米)、金冠218(鲜食甜玉米)、北农青贮368(青贮玉米)、沈爆5号(爆裂玉米)
大豆	黑河43、齐黄34、克山1号、登科5号,中黄13、金源55号、冀豆12、合农95、东农63、华疆2号	绥农52、黑农84、中黄901、蒙豆1137、菏豆33号、合农85	绥农94、郑1307	邯豆13、徐豆18、商夏豆25、冀豆17

2. 农业新技术

为发挥科技对粮油等主要作物大面积单产提升的支撑作用,加快农业先进适用技术推广应用,按照绿色发展、增产增效、资源节约、生态环保、质量安全等要求,安徽省2024年遴选了“长江中下游中稻主要病虫害全生育期绿色防控技术”等种植、畜牧、渔业、农机、综合5种类型农业主推技术60项。

安徽省2024年农业主推技术名录

一、种植业类主推技术(38项)

1. 长江中下游中稻主要病虫害全生育期绿色防控技术
2. 基于秸秆和养殖粪污肥料化利用的水稻“极限密植”技术
3. 江淮稻–油周年机械化绿色丰产增效技术
4. 水稻化肥减施增效技术
5. 基于脆秆水稻的“种粮饲一体化”技术
6. 水稻–油菜周年绿色丰产优质高效生产技术
7. 水稻–油菜轮作主要病虫害全程绿色防控技术

8. 小麦重大病虫防治农药减施增效关键技术
9. 小麦中后期绿色防病延衰增效技术
10. 小麦高效施肥及轻简化栽培技术
11. 淮北地区小麦绿色抗逆丰产增效栽培技术
12. 江淮西部(安徽)稻茬小麦优质丰产绿色栽培技术
13. 麦田减量施药控草技术
14. 小麦绿色高效化学除草技术
15. 玉米密植精管迟收增产增效技术
16. 夏玉米亩产800千克以上关键栽培技术
17. 优质青贮玉米丰产高效栽培关键技术
18. 晚熟稻茬套播油菜丰产高效绿色栽培技术
19. 油菜绿色低碳高产高效技术
20. 大豆重大病虫害绿色防控技术
21. 优质大豆绿色高质高效生产技术
22. 春播花生地膜覆盖套垄播种技术
23. 茶园病虫草害周年绿色防控技术
24. 茶园主要病害绿色防控技术
25. 茶树夏季扦插快速育苗技术
26. 低效梨园改造技术
27. 蓝莓全基质水肥一体化栽培技术
28. 高山西瓜越夏避雨栽培技术
29. 大球盖菇栽培技术
30. 梨园套种大球盖菇栽培技术模式
31. 羊肚菌人工栽培绿色轻简技术
32. 石菖蒲绿色栽培技术
33. 植保无人机飞防及飞防助剂应用技术
34. 草地贪夜蛾综合防控技术
35. 外来入侵物种福寿螺综合防控技术

36.环保省工型棉花专用配方缓控释肥一次性施用技术

37.皖南皖西酸化耕地治理与地力提升技术

38.沼液农田清洁安全利用与环境风险控制技术

二、畜牧业类主推技术(6项)

39.肉牛场床一体化养殖技术

40.舍饲条件下霍寿黑猪生长育肥期标准化饲养技术

41.秸秆改良氨化技术

42.规模化鹅场粪污治理技术模式

43.无抗环保型生物饲料应用关键技术

44.抗血液型脓病家蚕新品种及配套高效养殖技术

三、渔业类主推技术(5项)

45.“小龙虾+水稻+一龄早熟蟹”轮作与共生技术模式

46.“六月黄河蟹+水稻”轮作技术模式

47.稻田中华鳖生态高效种养技术

48.工厂化鱼菜共生生态循环种养技术

49.橄榄蛏蚌人工养殖技术

四、农业机械类主推技术(9项)

50.稻茬麦机械化适配性种植技术

51.稻茬油菜密植匀播机械化高效生产技术

52.油菜毯状苗机械化高效移栽技术

53.芝麻全程机械化生产技术

54.大型连续绿茶精制自动化加工技术

55.果蔬自动机械嫁接技术

56.蔬菜机械化移栽技术

57.叶类蔬菜机械化生产技术

58.生姜机械化生产技术

五、综合类主推技术(2项)

59.云农场智慧服务与农产品可信可视化技术

60.农业污染源调查信息技术

案例一:两系杂交籼稻超高产栽培技术示范推广

2023年,无为市共建立两系杂交籼稻超高产栽培技术示范片5个,面积达1 200亩。各示范片精选增产潜力大、米质优、综合性状好的品种玮两优8612为示范品种,在育秧播种、精细整地、水肥耦合、病虫害防治等各环节将高产技术融入生产。全部采用机插秧同步侧深施肥方式进行机插,亩用51%控缓释配肥(26:10:15)40千克作基肥,行株距为25厘米×18厘米或30厘米×16厘米,每穴栽插3棵或4棵基本苗,保证栽插密度控制在每亩1.4万穴左右,亩有效穗确保在18万穗以上。够苗及时烤田,主要做好"三虫三病"综合绿色防控,穗期主攻大穗、提单产。9月20日—25日,根据水稻标准测产方法选取不同田块进行理论测产,经测产,5个点平均亩穗数18 844、穗粒数220.42、千粒重26克,85折后理论产量超917千克/亩,较农户常规种植的杂交稻增产200千克/亩、减施农药1次、化肥精准释控,亩增效超500元,示范作用显著。

案例二:滁菊绿色栽培技术示范推广

2023年,琅琊区建立滁菊生态种植基地1个,基地面积200亩。示范品种:滁菊。基地建在琅琊区西涧街道西涧渡村(原城西村)。种植株行距:45厘米×60厘米,育苗时间:3月19日,移栽大田时间:4月21日。基肥施羊粪0.8吨/亩,叶面喷施缓释肥,稀释200倍。人工打头3次。全程人工除草,黄板防治蚜虫,悬挂蓝板防治蓟马,生物防治病虫害。20米处种植玉米高秆作物。采收时间:11月12日—13日。有效花率98%,不需要二次采摘。亩均产鲜花600千克,比2023年菊农亩均产量高200千克左右。

3.农业新装备

主要推广粮棉油大宗农作物、特色经济作物、畜禽水产养殖等领域农业机械装备技术成果，如水稻机械化栽植、小麦玉米轮作精量机播、玉米机收等环节技术装备，粮食生产中植保、烘干等高性能机械装备，节水灌溉、秸秆综合利用、畜禽粪污资源化利用、环保烘干等绿色高效机械装备，设施农业、果蔬茶、中药材、牧业、渔业等产业技术装备，丘陵山区轻简型农机装备和高适应性专用机械，大豆玉米带状复合种植、油菜籽收获等农机装备。

4. 农业新模式

农业新模式是基于现代科技手段，综合考虑市场需求及能源资源等催生的。如日本的“第六产业”模式（一产加二产加三产，即农业产业化）、美国的大农场模式、德国的数字农业模式、荷兰的高科技农业模式、以色列的精准农业模式、法国的合作社服务模式等。目前，我国新的生产模式不断涌现，如复合种植、单产攻关、联盟（团队）服务、基地示范、社会化服务等，实现了农文旅、一二三产融合发展，种养加复合增效。

三 高新技术简介

高新技术是指具有较高的科技含量和较强的创新性技术，是对农业技术领域的补充、发展和完善，并逐步成为常规技术的重要组成部分。

1. 生物技术

生物技术是指通过生物学、分子生物学等技术，对农作物进行基因编辑、转基因等改造，提高作物产量、品质和抗病虫性等。生物技术主要包括以下几类。

（1）基因编辑技术。基因编辑技术是指通过CRISPR/Cas9等技术，对农作物进行精准基因编辑，实现对作物产量、品质、抗性等性状的调控和改良。

（2）转基因技术。转基因技术是指通过将外源基因导入农作物基因组中，实现对作物产量、品质、抗性等性状的调控和改良。转基因技术在农业生产中应用广泛，如转基因玉米、转基因大豆等。

（3）组织培养技术。组织培养技术是指通过组织培养、植物再生等

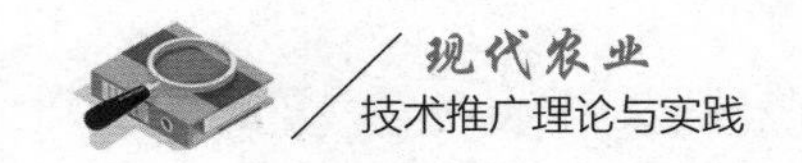

技术，实现对农作物的快速繁殖和高效育种。组织培养技术已经广泛应用于农作物繁殖和育种中，如快速繁殖优良品种、快速培育新品种等。

2.智能技术

研究信息的产生、采集、存储、交换、传递、处理过程及其利用的新兴领域，包括数据库技术（Database Technology）、专家系统（Expert System）、决策支持系统（DSS，Decision Support System ）、模拟模型（SS，Simulation System ）、遥感系统（RS，Remote Sensing System）、全球定位系统（GPS，Global Positioning System）、地理信息系统（GIS，Geographical Information System）、多媒体技术（Multimedia Technology）、网络技术（Network Technology）等。

（1）智能灌溉技术。智能灌溉技术是指通过传感器、数据采集等技术，对农田土壤水分、温度、湿度等参数进行实时监测，自动控制灌溉系统的启停，实现精准灌溉，减少水资源浪费，提高灌溉效率。

（2）智能化育种技术。智能化育种技术是指通过基因编辑、遗传学、生物信息学等技术，对农作物进行基因改良，提高作物的产量、品质、抗病性等。同时，通过数据分析和预测模型，实现育种过程的优化和智能化，提高育种效率和成功率。

（3）智能化施肥技术。智能化施肥技术是指通过传感器、数据采集等技术，实现对土壤养分、作物生长状态等参数的实时监测和分析，智能调整施肥方案，提高肥料利用效率，减少养分浪费和环境污染。

（4）智能化养殖技术。智能化养殖技术是指通过传感器、数据采集等技术，实现对养殖环境、饲料、水质等参数的实时监测和控制，提高养殖效率，降低养殖成本，改善养殖环境和提高产品质量。

（5）智能化采摘技术。智能化采摘技术是指通过机器视觉、机器学习等技术，实现对水果、蔬菜等作物的自动采摘，提高采摘效率和产品质量，减少人工采摘的成本。

第二节　农业科技成果转化

一 转化模式

目前，我国农业科技成果转化主要有以下模式。

1. 以政府为主体的转化模式

此种模式以政府行政命令为主导，其特征是将整个转化体系功能集于一身。以政府为主导的转化模式具有公益性和社会性特点，该模式主要适用于能够带来巨大的社会效益但短期难以带来显著经济效益的领域，典型的如“国家农业科技园”，不仅具有一定的农业技术转化功能，同时还配备农业科技知识服务功能。

2. 以企业为中心的转化模式

此种模式以农业企业为主导，以市场需求为导向，以追求经济利润为目的，典型的如无人机喷洒、水肥一体化等科技成果都是为满足市场需求而进行的研制创新。

3. 以新型农业经营主体为中心的转化模式

作为农业科技成果转化的重要载体，合作社、家庭农场或种养大户对农业科技成果的接受程度对于农业科技成果的转化及落地效果具有重要影响。该模式具有典型的普及性，如新品种、新肥料深受欢迎。

4. 以高校及科研机构等为主导的转化模式

许多地区都有农业大学及农业科学院等科研机构，大部分农业科技成果由这些单位研究与发布。农业科研人员根据农业科技需求信息制订计划开展相关研究，成果一般有论文、专利、科研报告等形式。

二 转化途径

1.农业区域开发研究

近几年兴起的农业区域开发研究是农业科技成果快而好地转化为生产力的最佳途径。从组织管理上看,它的显著特点是以系统科学的观点和做法,促进农业科技成果的转化,在开发过程中,把多项“软、硬”技术综合组装,发挥效益。目前我国农业区域开发研究的组织形式有4种:

(1)联合股份型开发;

(2)独立企业型开发;

(3)综合基地型开发;

(4)区域治理型开发。

2.农业技术推广机构推广

目前,我国农业科技成果的转化工作主要依靠各级政府所属农业推广机构来完成。国家、省、市、县农业行政主管部门下设对应层级的农业技术推广服务机构,乡镇设立基层农业技术推广服务机构。这一系统的推广体系通过普及新技术、引进新品种、培训农民等工作,使大批科技成果传播到农村和农民手中。推广机构一般有以下推广方式:

(1)积极开展科普宣传工作,组织重大科技成果向省内外推广;

(2)实行院(校)县挂钩,建设综合性开发基地县;

(3)开展试验示范,加速新成果推广;

(4)组织科技人员下乡开展技术培训、技术咨询;

(5)选派科技副县(市)长、副乡(镇)长挂职支农;

(6)选派科技特派员、特派团;

(7)积极开展在职农业技术人员培训工作;

(8)参与技术市场,推动技术成果商品化,开展技术商品交易活动;

(9)组织重点科技项目参与省(市)高新技术开发等。

3.大众传播

大众传播媒介,如网络广播、电视、电影、录像、报纸等,由于其信息量大，传播速度快，直观性、形象化的特点，已成为宣传转化农业科技成果的有效途径。

4. 农业技术市场

农业技术市场，是指农业技术交易的场所。其形式多样，有常规技术交易中心、技术转移中心、科技大篷车等技术市场，以及各种综合的专业的科技交易会、博览会、展销会、信息发布会、推介会等。

5. 中试生产基地建设

成果产出单位与成果应用单位紧密结合建立中试生产基地，如试验站、示范点等，把试验、示范和推广相结合，进行以高产、优质、高效为中心内容的综合配套技术的研究与成果推广。

三 评价方法

科技成果评价是指评价主体（第三方）运用科技成果评价标准和操作规范对科技成果的科学性、技术性以及经济、社会、文化价值等进行独立、客观、公正的评价活动。科技成果评价有会议评价、通讯评价等形式。

2009年，科技部选择了9家单位和12家机构，启动了科技成果评价试点工作。2016年，科技部全面放开科技成果评价工作。以第三方科技评价为具体形式，对项目指南编制、立项评审、过程管理、项目验收、绩效评价、转让交易的咨询服务越来越多。

四 赋权改革

为贯彻落实国家创新驱动发展战略，着力破解制约科技成果有效转化瓶颈，国家有关部门出台《赋予科研人员职务科技成果所有权或长期使用权试点实施方案》（国科发区〔2020〕128号）文件，有关科研院所开始进行科技成果赋权改革。通过赋予学校科研人员职务科技成果所有权或长期使用权，激发科研人员创新积极性，有效促进科技成果转化。

案例一：宿州市大豆玉米带状复合种植模式

大豆选择耐阴、抗倒、抗病、优质、适宜于机械化收割的丰产型品种，玉米选择紧凑、抗倒、矮秆、丰产型品种。因地制宜，选用品种应具有合法身份或经过本地区试验示范检验。

1.行比模式

(1)4行大豆+2行玉米模式。一个生产单元4行大豆、2行玉米，大豆带宽90厘米，玉米带宽40厘米，大豆带玉米带间距70厘米，生产单元宽度为2.7米，大豆、玉米面积比59:41。

(2)6行大豆+4行玉米模式。一个生产单元6行大豆、4行玉米，大豆带宽2米，玉米带宽1.8米，大豆带玉米带间距60厘米，生产单元宽度为5米，大豆、玉米面积比52:48。

2.精选品种

(1)大豆品种。选用耐阴性强、抗倒伏、密植性好、稳产丰产型品种。

(2)玉米品种。采取4行大豆+2行玉米模式时，选用矮秆、耐密、抗倒、耐高温、宜机收、中大穗、抗逆稳产品种。采取6行大豆+4行玉米模式时，选用矮秆、耐密、抗倒、耐高温、宜机收、中小穗、抗逆稳产品种。

3.适宜密度

“4行大豆+2行玉米”模式，大豆、玉米每亩种植分别是9 000株、4 000株；“6行大豆+4行玉米”模式，大豆、玉米每亩种植分别是8 000株、4 500株。

4.合理施肥

玉米亩用纯氮量17～18千克，底肥和追肥各约占一半。底肥施于玉米带，离种子10厘米以上，穗肥于大喇叭口期追施。大豆亩用纯氮量控制在3千克以内，底肥采用大豆专用复合肥，土壤肥力高的地块不施氮肥。追肥于初花期亩施尿素3～5千克，或叶面喷施钼酸铵10～15克/亩和磷酸二氢钾75～100克/亩。

5.化学除草

播后芽前进行封闭除草。玉米3～5叶期、大豆5片或6片复叶期分别选用禾豆类除草剂在对应的玉米带和大豆带定向喷雾除草。

6.化学控旺

在玉米拔节期6～9片展开叶、大豆分枝期或初花期分别对旺长苗进行化控,化控时注意不漏喷、不重喷。

7.机械收获

(1)大豆玉米先后收获。大豆成熟后,选用割幅宽度在玉米带间距10～20厘米之间的大豆收获机先收大豆,玉米成熟后再选用2行或4行玉米收割机收获玉米。

(2)大豆玉米同时收获。大豆玉米成熟期一致时,可以异机同时收获,大豆收获机和玉米收获机前后布局,依次作业。可根据大豆种植幅宽和玉米行数选用外廓尺寸、轮距匹配机型,也可选用常规收获机减幅作业。

案例二:绩溪县玉米贡菊间作套种技术推广模式

1.背景情况

贡菊,产于黄山与天目山之间,相传清光绪年间,紫禁城里流行红眼病,皇帝下旨寻求良方,遍访名医,均未见效。徽州知府献上徽州菊花干,泡后内服外洗,眼疾即愈,徽州菊花干一时名扬北京城,并被钦定为贡品,是被列入药典的产地药材。贡菊当年栽种当年收获,水田栽种贡菊,亩产干花70～90千克,亩产值8 000～10 000元,是同期种植粮油作物产值的3～4倍。近些年,绩溪县贡菊栽培面积每年均在1万亩以上,且种植规模不断扩大,在长安、上庄等乡镇形成稳定的种植基地。

2.主要做法

(1)集成配套技术。组建技术指导团队,团队成员由植保、土肥、粮油、多经、农机等相关技术骨干组成。技术指导团队负责制定技术方案、安排茬口、选择种植品种、配套集成实用技术,以及生产过程中的技术指导。重点选用早熟优质玉米品种。对比菊花、玉米间作立体栽培，玉米套种菊花及菊花套种玉米3种立体栽培方式。对比玉米运用育苗移栽和种子直播两种种植方式。推广运用测土配方施肥和病虫害绿色防控配套集成技术，减少农药与化肥的使用量，节本增效。加强农机农艺融合，引进推广新机械新装备。

(2)加强资源整合。将玉米贡菊立体栽培示范推广工作与农业科技入户、农作物病虫害防治、测土配方施肥、土壤有机质提升等项目资源进行整合，实施项目带动战略，利用好有关项目，发挥项目叠加效应。

(3)开展示范推广。在长安镇马道村马道悠然菊花种植专业合作社菊花种植基地，建立160亩示范基地，并在示范基地竖立标志牌。筛选种植品种，遴选实用技术组合集成技术方案，开展生产技术培训。落实玉米、贡菊立体种植示范工作任务，深入田间开展技术服务和技术指导。调查玉米、贡菊立体种植及示范推广中存在的问题，提出改进对策与措施。在玉米、贡菊生长期间，召开现场会、观摩会，开展科技培训，引导农户发展生产，提高培训实效。充分利用电视、报刊、网络等媒体和召开现场会、培训会等方式，扩大玉米贡菊立体栽培示范社会影响力。在推广技术的同时，大力宣讲国办发〔2020〕44号文件精神，提高广大农户粮食安全意识，使广大群众深刻认识到处理好发展粮食生产和发挥比较效益的关系，不能单纯以经济效益决定耕地用途，必须将有限的耕地资源优先用于粮食生产。

3.取得成效

(1)经济效益。玉米贡菊间作套种示范片，把160亩普通粮食生产功能区建成了亩“产千斤粮、收万元钱”的高效粮田。辐射带动全县发展3 600多亩，充分利用了土地资源，增加了单位面积产出与效益，有效解决了贡菊生产发展与粮食安全用地争端。

(2)社会效益。在绩溪县贡菊主产区，保障了三大主粮种植面积不受贡菊生产发展冲击。辐射带动周边临溪、煤炭山、上游、下五都等地贡菊种植户零星发展生产。

(3)生态效益。间作套种增加植物覆盖面积,减少阳光直射地表,同时减少表层土壤流失,具有较好的护土保墒效果。间作套种使田间作物覆盖面积大,起到抑制杂草生长的作用。间作套种增加土壤中的微生物种类,调节土壤酸碱度平衡,从而提高土壤肥力,同时减少作物连作引起的病虫害发生,提高农产品的产量以及品质。

案例三:舒城县农业科学研究所示范带动模式

1.积极开展农作物新品种、新技术引进试验示范推广工作

舒城县农业科学研究所成立于1958年,现有面积6 000亩,重点开展瓜菜新品种示范展示、种苗培育、绿色食品蔬菜标准化生产、净菜加工和生物有机肥生产、生态旅游休闲和电子商务等产业,实现一、二、三产融合发展,为全县及周边20多万亩基地提供科技支撑。2022年度,示范展示瓜菜品种486个、水稻品种128个、玉米品种16个。成功筛选适宜安徽地方种植推广的瓜菜品种32个、水稻品种26个。示范水肥一体化、均衡配方施肥等新技术5项。

2.圆满完成省市县各类农业科技培训和实践观摩工作

2022年度,基地累计接待省内外高素质职业农民、农村实用人才、基层农业技术人员能力提升等现场观摩培训220多场次9 000余人次。主要包括接待各地高素质农民现场观摩培训200期8 100人次;省种子管理总站在基地分别开展了瓜菜品种评价和全省水稻品种现场观摩会;六安市在基地召开了蔬菜新品种、新技术现场观摩会;安徽省蔬菜产业技术体系、安徽省园艺学会在基地召开了瓜菜新品种、新技术现场观摩会;县委组织部依托水稻品种示范展示基地,开展了云上直播活动。

3.有效推进农业社会化服务试点工作

2022年,基地投资300万元建立机械化农事综合服务中心,实现水稻、小麦等大宗作物全程机械化托管服务,共托管周边农户耕地5 500亩,帮助农户每亩节本增收200元以上,受到了周边农户的欢迎。

4.集成生态农业模式初见成效

基地内“三品一标”产品达到19个，蔬菜绿色食品标准化生产覆盖率95%，建成农作物秸秆综合利用5万吨规模的有机肥加工中心一座，基地农作物秸秆综合利用率95%以上。化肥农药双替代覆盖面积100%，绿色生态防控比重100%，节水灌溉技术应用率96%。

案例四：黄山区太平猴魁茶产业联盟服务模式

黄山区是中国十大名茶产地之一，是太平猴魁的唯一产地和黄山毛峰的历史发源地。为了进一步提升太平猴魁茶产业，黄山区茶产业促进中心组织成立太平猴魁茶产业高质量发展联合会。该联合会的成立旨在按照有机产品国家标准，生产获得中国有机产品认证机构或国外知名有机认证机构认证的太平猴魁茶，不断提升太平猴魁品牌影响力和市场竞争力，达到茶农增收、企业发展、品牌保护的目的，促进太平猴魁茶产业高质量发展。

联合会自2021年3月成立以来，围绕技术培训、茶园管理、茶叶制作、品牌保护和品牌营销等展开工作，在提升太平猴魁茶品质、实现茶叶增效和茶农增收等方面卓有成效。联合会主要做法如下：

1.高新科技赋能

为推进太平猴魁茶先进实用技术应用推广，同时发挥示范引导与典型带动作用，联合会大力促进科研院所、大专院校在生产基地进行科技成果转化。他们与安徽中科晶格技术有限公司共同打造太平猴魁茶产业高质量发展区块链技术服务平台，推动高新科技赋能太平猴魁茶产业高质量发展。区块链技术服务平台以数字化、信息化为手段，运用物联网、互联网、区块链和云计算等前沿技术，完成一条链（太平猴魁茶产业联盟链）、一数据（太平猴魁茶产业数字驾驶舱）、两系统（数字茶园系统、区块链服务系统）和N个移动应用（产品溯源小程序、抽查信息小程序、数据展示小程序等）的建设，实现茶产业数据的可视化与信息的可信化。区块链技术服务平台的成功开发，建立了太平猴魁茶可信体系，推动了高质量太平猴魁茶叶品牌建设，同时全面提升了太平猴魁茶产业高质量发展联合会的协同效率。

2.建设公共品牌

太平猴魁茶产业高质量发展联合会非常重视品牌建设，着力打造一个太平猴魁茶的“集体商标标识”，用于标识高质量发展联合会生产销售的太平猴魁。联合会积极创新、大胆尝试，打造了一套符合地区实际的产业管理模式，制定了《太平猴魁茶产业高质量发展联合会章程》，对会员准入制度、茶园规模和质量标准等提出具体要求，围绕公共证明商标标识使用管理规则、成员正负面管理制度评分细则、茶样抽检管理制度、取样技术标准、抽检茶样打分规则等设立了相关制度规范。除此之外，联合会还以提升产品质量为目标打造了一套符合地区实际的产业管理模式。联合会对33名会员总2 179.4亩面积的高质量茶园组织现场勘测，对茶园生物多样性、是否有污染源进行评估，对茶园面积、产量进行核定，每年还会对所有认证基地的产品开展全覆盖检验，保证茶叶产品的感官、理化等各项指标符合《地理标志产品　太平猴魁茶》国家标准。

3.提升普惠服务

围绕通过典型示范带动全区茶产业提高的建会宗旨，联合会采取了一系列举措来推动茶产业的建设，包括开展茶产业相关培训、推进茶园绿色防控、购置数字茶园配套设施、加大品牌宣传力度等。联合会邀请来自安徽省农业科学院茶叶研究所、南京环境科学研究所、安徽省气象局等机构单位的教授、研究员和专家举办多场技术培训。茶业专家还深入太平猴魁茶产地，入茶园、进农户，开展现场技术指导，取得了良好成效，广大茶农茶叶生产和制作水平明显提高。2021年10月，联合会为会员单位补贴购买有机肥800多吨，发放有机肥补贴款共计37万多元，在高质量茶园建设自动气象监测设备4台（套）、虫情自动测报系统“远程虫情分析测报仪”6台（套）、声波杀虫设备6台（套），又为会员基地配备害虫性诱捕器3 400套，不断提升会员茶园的绿色防控能力。

在联合会及会员共同努力下，2021年12月太平猴魁高质量发展联合会生产的太平猴魁茶获批认定为“安徽气候好产品”。联合会积极通过新媒体多渠道进行品牌宣传，组织茶企参加辽宁沈阳茶博会、山东济南茶博会等茶叶展销活动，进一步提高了太平猴魁茶知名度和产品价格。太平猴魁高质量发展联合会会员2022年茶叶均价达2 382元/千克，比非会员茶叶价格高出20%~30%。

第四章 现代农业技术推广主要方法

随着我国农业科技的快速发展，农业各领域成果陆续产出，要达到加速技术创新过程、增强农业技术部门推广能力、加强技术应用主体培养的目的，需合理地运用农业技术推广沟通方法、农业技术推广培训方法、农业技术推广试验方法和农业技术推广信息方法，以确保先进的生产技术应用于农业生产，从而保障农业高质量和可持续发展。

第一节 农业技术推广沟通方法

沟通是个体或主体间交往的重要形式。农业技术推广沟通实质上是农业技术推广人员与沟通对象交流各种各样信息的过程。通过沟通了解对象的需求和要求，采取一定的方法和手段，传授专业知识、推广科学高效的生产技术，提高沟通对象的科学素质和经营技能，从而更好地提高农业技术推广效果与效率。

一 农业技术推广沟通组成

农业技术推广过程中的沟通基本要素，包括信息发布者、信息内容、信息传播渠道和信息接受者。

农业技术推广人员是信息的发布者。农业技术推广人员涵盖了高等院校、科研院所、各级农业部门和农服企业农业专业技术人员。

科技成果、专业知识、操作技能、营销手段等是沟通交流的信息内容，是沟通的核心。信息内容涵盖了农、林、牧、副、渔等产前、产中、产后各环节。

网络、讲座、印刷品、示范、观摩等是信息传播的渠道，是沟通的重要手段。

受培训对象是信息的接受者，可以是主体或个体。

二 农业技术推广沟通要点

1.保持积极态度

农业推广人员沟通应当保持谦虚、积极主动的工作态度，做到入乡随俗，因人施策。对于一些相关技术名词，应当以简洁朴素且通俗易懂的语言进行讲解。

2.确定沟通需求

农业技术推广工作人员在与沟通对象进行交流和沟通的过程中，应以其实际需要作为出发点展开工作。沟通对象积极性高的地区，可通过沟通收集需求；沟通对象积极性不高的地区，可通过沟通促进需求。

3.听取沟通意见

在农业技术推广实施过程中，推广人员要注意不要自己主导交流，应重视双向沟通。农业技术推广人员要认真分析服务对象反馈的意见，不断改进工作方法、提高技术服务能力，确保服务实效。

三 农业技术推广沟通方法

1.口头沟通

口头沟通是最常见和直接的沟通方式，包括在田间地头、培训现场等面对面地对话，电话交流和会议讨论等。通过语言交流，可以更准确地传达信息，并实时解决问题。

2.书面沟通

书面沟通是通过文字来传递信息，包括电子邮件、备忘录、报告、问卷等书面形式。书面沟通提供了记录和查阅的便利，也可以在需要时进行多次审查和修改。

3. 音像沟通

音像沟通是通过视频图片、表格、图形、PPT等可视化工具传达信息。这种方法可以帮助沟通对象在推广过程中更好地解释抽象的概念和理论,加强对象的理解和记忆。

4. 远程沟通

远程沟通是通过技术工具进行跨地域的交流,如视频会议、网络聊天和远程操作等。远程沟通能够克服推广过程中时间和空间的限制,解决高新技术推广人员少、限制推广范围的难题。

第二节　农业技术推广培训方法

农业技术推广培训通过目标设定、制定方案、知识和信息传递、技能熟练演练、任务完成情况评测、结果交流等过程,让受训者掌握一定的知识和技术手段,达到提升能力和提高生产经营水平的目的。

一、农业技术推广培训组成

开展富有特色的专业化培训,能够有效提高受训者的创新创业精神和能力,全面提升受训者在新产业、新业态、新动能创新上的主观能动性。农业技术推广培训由农业农村干部培训、农业技术推广人员培训、高素质农民培训、田间学校和相关专题培训等组成。

农业农村干部培训包括农业管理干部、驻村工作队和村干部等培训;培训内容包括政策解读、区域发展、供给侧结构性改革和乡村振兴工作等。

农业技术推广人员培训包括种植业、畜牧业、水产等培训;培训内容包括高效栽培、水肥高效管理、田间植保、农业装备、养殖防疫、饲料收储、繁殖生产、资源再利用和政策解读等。

高素质农民培训包括农村致富带头人、高素质农民、家庭农场、专业合作社等培训;培训内容包括农产品加工与销售、高效栽培与养殖、产品加工与开发、品牌创建与营销和政策解读等。

田间学校培训是通过田间地头现场讲解技术措施、操作要点、注意事项，为种养大户等现场示范教学。

相关专题培训包括乡村振兴、乡村人才、农业绿色发展、土地管理和大学生返乡创业等专题培训。培训内容包括产业发展及规划、乡村治理、健康种养、高标准农田建设和政策解读等。

二 农业技术推广培训要点

培训应遵循以下三个基本原则：①把握关键农时。按照季节农时，采取形式多样的培训方式。②因地制宜。立足当地农业发展现状、农民技术需求，围绕优势产业及特色农业开展培训，为当地农业结构调整和产业优化经营服务。③通俗易懂。采用典型案例与实践相结合的教学方式，使农民一看就懂、一学就会。

1.完善师资条件

通过高校、院所、企业、单位部门合作，将各行业精英引进课堂，开展精深技术或专项培训；同时，不断挖掘农业生产中的“土专家”“田秀才”，逐渐完善培训讲师团，形成结构合理、能力卓越、覆盖面广、人员充足的培训师资队伍。

2.制订培训计划

根据区域农业结构、产业特色、发展目标和农业技术推广培训项目任务，制订短、中、长期培训计划。

3.设计培训项目

根据培训计划和目标，建立规范的课程体系和管理章程，培训内容应涉及农业产业链的各环节。

4.优化教学手段

搭建多元培训课堂，如定时课堂、流动课堂和网络课堂等。定时课堂是指根据农作物生长阶段及农时开展定时培训；流动课堂根据农业农村工作特点，将培训场所设在田间地头，方便农民；网络课堂利用线上线下相结合的方式，基于互联网及多媒体技术发展，开发培训专用网课惠及更多服务对象。

三 农业技术推广培训方法

1.专题讲座

专题讲座讲解农业生产和销售的专业知识，分享经验、探讨问题，有助于提高受训者的综合素质和专业能力。

2.交流研讨

交流研讨使得受训者相互交流农业不同领域的知识和经验，拓宽其视野，增强其专业能力。

3.现场教学

现场教学提供了直接农业生产技能和经验，针对性强，直观高效，有助于受训者理解和掌握理论知识。

4.参观考察

参观考察在农业技术推广培训中能够提升受训者的知识水平和实践能力，有助于推广对象开阔视野，拓宽思维，提升创新意识和能力。

案例：某县2023年高素质农民培育工作实施方案

紧密围绕全面支撑粮食和重要农产品稳定安全供给，全面支撑农民素质素养提升，推进高素质农民培育工作。全县计划培育高素质农民500人，其中：经营管理型150人，专业生产型200人，技能服务型150人。农民素质素养提升培训班16个，每班不少于50人。培训任务100%完成，培训合格率在90%以上。

1.培训内容

1)重点任务

各培训机构围绕粮油稳产保供任务开设的班次和培训人数不低于80%。

提高生产技术技能。围绕“两稳两扩两提”要求落实培育任务，紧扣粮食、油料生产目标任务开展增产提质、防灾减损和重大病虫害防治等全生产周期技术技能培训，因地制宜开展蔬菜等经济作物生产管理培训，提升种植水平和产业发展能力。紧密衔接生产技术技能要求确定培训内容，实施分品种组班、分技术授课、分阶段培训。紧扣农时，围绕作物生产全过程全周期开展培训，突出良种选购及制种、关键生产技术、病虫害防治、耕地保护建设等内容。强化田间地头实践实训，用好农民合作社、家庭农场、农业社会化服务组织、农业企业、农村集体经济组织和农民田间学校，切实提升农民实操水平。畜牧部门要对牛羊养殖户进行动物疫病防治的培训，继续开展退捕渔民就业帮扶培训“暖心行动”。

提升产业发展能力。坚持选、育、用一体化的育人导向，统筹农业农村现代化发展要求和农民学习需求，以推进农业产业高质量发展为目标，围绕各地主导特色产业组织培育。重点培育家庭农场主、农民合作社带头人、社会化服务专业人员、返乡创业创新人员、农村集体经济组织负责人等，分层分类实施培育。聚焦产业发展能力提升，重点围绕生产组织、主体管理、智慧农业、市场营销、冷藏保鲜、信贷融资、风险防控、农业生产和农产品“三品一标”等，开展全产业链技能培训。

提升乡村建设和乡村治理。开展思想政治、法律法规、村庄建设管理、农业文化遗产保护与发展等培训，培养一批乡村建设、乡村规划和乡村治理人才。遴选有意愿的农民，开展调解仲裁、电商营销、数字农业、环境卫生、文旅体育、农村改厕等培训，培养一批农村社会事业发展人才。以院校毕业生、农民工和退役军人等返乡入乡在乡群体为重点开展创业培训，帮助补齐农业农村知识短板，培养一批创业创新人才。倡导学法用法，培养一批乡村法律明白人。

提升农民素质素养。面向高素质农民培育对象全面开设综合素质素养课程。培训内容突出习近平新时代中国特色社会主义思想、社会主义核心价值观，涉农法律法规、农业农村政策，农业绿色发展、农业投入品和农产品质量安全、农业防灾减灾，金融信贷保险，乡村规划建设、乡风文明、农耕文化等领域基础知识。各级高素质农民培育主管部门审核把关本级综合素养类教材，按照农业农村部农民科技教育培训中心制定的综合素养课程体系安排培训。支持农民提升学历层次,依托职业院校、农广校探索实施高素质农民培育与职业教育贯通衔接,有条件的地方可以探索建立农民学分银行。注重培养青年高素质农民和高素质女农民。注重高素质农民培育与农业农村科普工作协同开展。

2)专项行动

聚焦玉米提单产、油菜产业发展、机械化生产等重点领域,组织开展以下专项行动。

玉米单产提升培训行动。各地配合玉米单产提升工程,强化玉米密植高产精准调控技术培训,开展玉米高产增产技术模式应用和技术技能培训,强化高产优质耐密品种相关技术培训。

油菜产业发展培训行动。在油菜产区,针对不同区域油菜生产特点,围绕品种、农机、农艺、加工等技术环节开展培训。在冬闲田扩种油菜项目实施地区,重点围绕绿色丰产高效栽培技术、全程机械化生产技术、冬闲田生产技术、油菜籽产地干燥加工技术开展培训。

专业农机手培训行动。在全县范围内,以专业农机手、农机大户和农机合作社带头人为培训对象,聚焦玉米、水稻、油菜、小麦等主要粮油作物耕种管收机械化作业环节,围绕玉米高质量机播、水稻机械化育插秧、油菜机械化育苗移栽、保护性耕作、高效飞防植保、机收减损等重要机械化技术开展实操实训和作业演练,提高机手技能水平和职业素质,促进农机作业标准化、规范化发展,助力粮油作物单产提升。各地根据需要,可以将专业农机手、农机大户列入经营管理型人员开展培训。

豇豆质量安全控制培训行动。豇豆种植面积较大的镇要重点围绕豇豆病虫害绿色防控、科学安全用药、农药残留限量标准要求、承诺达标合格证开具等,对豇豆种植户开展培训。

重点区域产业带头人培训行动。我县是全省农业科技现代化先行县,结合人才振兴,培养100名产业发展带头人。

农民素质素养提升培训行动。以行政村为单位,面向小农户开展素质素养提升试点培训。在全县举办16个培训班,具体工作由县农业技术

推广中心牵头组织,16个镇农业服务中心协调配合。在全市选择16个有需求、有组织能力的村,进行农民素质素养提升培训。每个班不少于50人,培训课程不少于2个,培训时长至少半天,培训内容为综合素质素养课程。培训班需填写《农民素质素养提升培训行动培训班信息签到表》和准备培训照片2张(整体照片和老师上课照片),并上传到全国农民教育培训信息管理系统。承担试点的行政村可设置一名联络员,负责组织培训对象、组织现场培训等工作。

畜禽养殖规范用药培训行动。在全县范围内,以畜禽规模养殖场、养殖合作社负责人、兽医技术人员(执业兽医师)为培训对象,重点围绕兽用抗菌药科学使用、兽用处方药管理、兽药合规采购、兽药使用记录、兽药残留限量标准要求、承诺达标合格证开具等内容开展培训,普及安全规范用药技术知识,助力兽用抗菌药使用减量化行动深入开展。

2.组织实施

全县高素质农民培育项目由县农业农村部门组织实施,具体培育任务由局属农业技术、农业机械、水产和畜牧4个二级技术推广机构承担。实行分层分类培育,培育类型主要有经营管理型、专业生产型、技能服务型人员培育。

1)遴选培育对象

遴选条件:年满16周岁,正在从事或有意愿从事农业生产、经营、服务的务农农民、返乡入乡创业创新者、乡村治理及社会事业服务等人员。

经营管理型人员培育。重点面向新型农业经营和服务主体带头人、农村创业创新者、乡村治理及社会事业发展带头人等,提高经营管理、就业创业、服务乡村社会事业发展能力。新型农业经营和服务主体带头人主要包括家庭农场、农民合作社、小微企业和农业社会化服务组织带头人等;农村创业创新者主要包括院校毕业生、农民工、退役军人、科技人员、乡土人才、能工巧匠等返乡入乡在乡创业人员等;乡村治理及社会事业发展带头人主要包括村"两委"成员以及乡村规划、设计、建设、管理专业人才等。

专业生产型和技能服务型人员培育。专业生产型重点面向从事种植、养殖和农产品加工的农业劳动者，提高技术技能水平；技能服务型重点面向农业专业技术服务人员和乡村社会事业服务人员等，提高服务农业农村发展的能力水平。

遴选程序：各类培育对象遴选，按照个人申请，村委、镇逐级推荐，农业农村局审定的程序进行。

各类培育对象当年不重复，此前参训过的学员可以在本年度继续参加不同类型、不同专业、不同层级或知识更新类培育。

2)确定培育机构

遴选的培育机构应具有独立法人资格，主营业务包括教育培训、农业技术推广，具备培育必需的教学、实践、管理和跟踪服务条件。培育机构在项目主管部门指导下，安排师资和选用教材。鼓励培育机构订阅《农民日报》等报刊。某县经局党组会研究确定了4家局属技术推广机构承担2023年度的培训任务，分别是某县农业技术推广中心、某县渔业管理服务中心、某县农业机械管理服务中心、某县动物疫病防治与控制中心。

3)丰富培训内容

参照农业农村部科教司《高素质农民培育规范》及高素质农民培育模块要求，结合实际，紧扣需求，建立模块化课程体系，科学组合教学模块、设计培训课程。课程体系分为综合素养课、专业技能课、能力拓展课三类。综合素养课包括思想政治、农业通识、“三农”政策、涉农法规、文化素养等课程，必须包括中央和安徽省委一号文件、农业农村部一号文件和乡村振兴促进法等相关内容。专业技能课包括农业生产技术、农机农艺融合、绿色发展、农产品加工储藏营销、农业经营管理、乡村治理、社会化服务等课程。能力拓展课由培育机构根据培育对象和培育目标自行设计课程。

4)创新培育方式

实行分类型、分专业、分阶段、小班制、重实训、强服务的培育方式。

经营管理型人员培训时间累计不少于128学时、专业生产型和技能服务型人员培训时间累计不少于48学时。原则上每期培训班不超过50人；结合农业生产周期，分时段培训。各类培训均须在实践实训基地分产业（专业）按照全程关键技术节点开展跟班实践实训，设计好实践实训课程内容，学员须认真做好实践实训记录。倡导运用案例教学法，积极采用系统知识培训与跟踪指导服务相结合、线上线下培训相结合、本地培训与异地培训相结合等方法开展培育。

5)严格培育管理

各技术推广机构加强培育政策宣传，对各镇农民培育需求进行摸底调查，建立培育对象信息库，遴选审核培育对象。各技术推广机构在项目主管部门的指导下，依据本级实施方案、《高素质农民培育规范》及2023年高素质农民培育模块要求，制订培育计划及每期培训班教学计划。教学计划包括课程、学时、形式、师资、教材、基地等内容，明确教学组织、学员管理、实习实训、考核评价等要求。培育计划和教学计划报经项目主管部门审核批复后实施。每期培训班建立5项制度，即班主任制度、第一堂课制度（行政主管部门有关人员上第一课）、学员培训考勤制度、培训台账制度、满意度评价制度（信息管理系统评价）。抓好培训班日常管理和服务，特别是做好安全管理工作。及时建立健全培训档案，按要求将相关信息100%录入信息管理系统，加强高素质农民培育信息化管理。项目主管部门及时对完成任务的技术推广机构进行验收。

6)强化延伸服务

组织协调农业农村系统相关管理和技术力量，依托现代农业产业技术体系、农业技术推广体系等专业队伍，为技术技能提升类培育对象提供长期技术指导服务，帮助产业发展带头人获取基础设施建设、产业项目、信贷保险等方面的支持。搭建交流展示平台，支持高素质农民参加论坛、展会、创新创业大赛和农产品交易活动等。支持高素质农民领办创办产业联合体抱团发展。

3.实施步骤

1)精心制订方案(6月)

一是制订实施方案。县农业农村局按照要求,分解落实培训任务,制订实施方案,并及时报省农业农村厅、市农业农村局、省财政厅备案。二是制订教学计划。技术推广机构依据分专业培训方案,制订每期培训班教学计划,教学计划主要反映教学目标、培训对象及人数、培训内容、培训日程(含具体课程设置、培训时间)、教材教师、考核发证等方面的内容,报经市主管部门批复后实施,做到“一班一计划”。

2)认真开展培训(7月至10月)

技术推广机构严格按照实施方案和教学计划开展培训,严把培训时间和质量关。设置好培训内容,强化模块化培训;优先聘请优秀教师授课,每期培训班至少聘请2名省高素质农民培育师资库成员;按照“谁选用,谁负责”的原则选用优质培训教材,优先选用农业农村部“十四五”规划教材和省统编教材,保证参训学员人手一套省级以上统编教材;鼓励农业技术推广部门订阅《农民日报》等报刊。每期培训班建立5项制度:班主任制度(每班确定一名班主任,负责日常管理工作);第一堂课制度(本级项目管理部门上第一堂课,宣讲政策,并了解培训机构培训工作安排和学员需求等情况);学员培训考勤制度(实行学员每天签到);满意度调查制度(最后一堂课,由本级项目管理部门安排人员组织学员网上进行满意度评价,了解培训效果);培训台账制度(建立培训台账、培训过程影像资料等培训档案)。同时,抓好培训班日常管理和服务、考核和颁发结业证书等。

3)抓好验收审计

培训结束后,及时建立健全培训档案,按要求将相关信息100%录入信息管理系统,加强高素质农民培育信息化管理。落实跟踪联系服务,项目主管部门及时对完成任务的技术推广机构进行验收和项目资金审计。

4)做好验收总结

县农业农村局、县财政局按照相关规定和要求,抓好项目验收。认真做好总结工作，于11月15日前将项目总结报市农业农村局和市财政局。按照省农业农村厅、省财政厅关于年度绩效评价的部署和要求，做好年度项目实施情况自查自评工作。

4. 资金安排

1)补助标准

经营管理型人员培育每人3 500元，专业生产型和技能服务型人员培育每人1 500元，农民素质素养提升培训行动每班5 000元。

2)资金拨付

项目资金按照"钱随事走，谁用钱谁负责"原则拨付。县财政局会同县农业农村局按照项目目标任务，及时将项目资金拨付给各培训机构。各培训机构要建立严格的审核制度和透明的资金拨付制度。培育结束后，根据项目主管部门的验收意见等情况，按照财政国库管理制度的有关规定对各技术推广机构进行审计。

第三节 农业技术推广试验方法

农业技术推广试验是农业技术推广的基本程序之一。由于农业技术适应范围的局限性和农业生产条件的复杂性，一般来讲，对来自科研机构、高等院校的科研成果，国外、省外的引进技术等，要先进行推广试验，明确适用范围，掌握技术环节，考察其增收效益，并结合当地自然条件和生产条件进行技术改进，然后才能进一步示范和大面积推广，促进现代农业产业发展。

一 农业技术推广试验设计的基本原则

试验设计的目的主要是为试验实施作准备，估计试验处理效应和控制试验误差，以便合理地进行分析，做出正确的推断。设计试验有三个基本原则。

1. 重复原则

试验中同一处理出现的次数，称为重复。在田间试验中，同一处理（如品种、肥料、农药等）实施的小区数为重复次数；重复的主要作用是估计降低试验误差。推广试验中要设3次以上重复，以提高试验结果的精准度。

2. 随机原则

由于不同处理间的环境条件、供试材料等或多或少存在着差异，为避免人为主观因素的影响，减小试验误差，在试验中，采取随机分配的方法，决定处理小区位置。

3. 局部控制原则

局部控制是指在试验时采用各种技术措施，来控制和减少处理因素以外其他各种因素对试验结果的影响，使试验误差降到最小。在田间试验中，应适当增加重复次数，扩大试验田面积，以提高结果的准确度。

二 农业技术推广试验的实施

在农业技术推广中，试验实施应符合自然规律，结合产业特色、技术需求，形成“布局合理、特色鲜明、示范成片”的良好区域试验布局。

1. 布局思路

根据区域的农业生产条件，按因地制宜的原则，定位农业技术示范基地的区域布局。根据自然和社会经济地理特点，打破行政区域划分的界限，在生态气候的优势区、特色产业集中区、现代农业基本要素的集聚区，科学布局农业产业推广试验区。

2. 布局分区

依据区域的自然条件和农业生产资源禀赋和特色优势，科学优化农业产业带的区域布局。一是围绕设施蔬菜、智慧农业、主要粮食作物等高效农业，设置高效农业技术推广试验区；二是围绕优质水果、蔬菜、经济作物等，设置特色农业技术推广试验区；三是围绕地方特色种植和养殖，设置种养循环农业技术推广试验区。

3.试验内容

在品种推广方面，依据品种生产的适应性、市场的专用性、逆境的抵抗性，以及种子的纯度、植株生长的整齐度、农产品收获的成熟度“三性三度”开展推广试验；在种植模式方面，运用“三化一循环”模式，即生产过程标准化、水肥药等投入品协同化、田间作业全程机械化，集成应用主推技术，推进实施减肥减药措施，促进种植产业可持续发展。在田间管理方面，依据苗情监测数据落实灌水、追肥和耕作等技术措施，把握苗期控旺促弱关键节点；在病虫草害防治工作中，开展预测预报，落实“预防为主、统防统治”方针下的各项措施，把好生产过程中自然灾害和病虫草害防控关；落实精量施肥、精准灌溉、精准防治、精细管理等措施。

4.试验措施

遵循科技规律，建立核心试验基地，配套基础设施，配备试验仪器设备，引领农业技术的发展方向。具体做法包括三个方面：一是建立监测基点，开展苗情、墒情、病虫害发生情况监测预警，为产业基地发布苗情长势、墒情、病虫害发生情况等实时数据；二是开展田间试验，筛选推荐新品种、新材料和新设备，研发和推广新技术、新模式，研究和提供解决农业生产中存在问题的方法及解决技术难题的措施；三是总结集成不同区域可复制、可推广的技术体系，进行试验示范和推广。

案例一：无为市直播水稻田抗氰氟草酯千金子化学防除试验方案

千金子是我国直播水稻田存在的一种恶性杂草，而抗性千金子更是危害大，防除难度大。为了更好地解决抗性千金子的问题，本研究选择目前已使用的和刚开发的多种除草剂对千金子的防除效果进行比较，以期筛选出最佳防治抗性千金子的药剂。

1.试验目的

有效治理直播水稻田抗氰氟草酯千金子，评价多种除草剂对抗氰氟草酯千金子的防除效果及对水稻的安全性，筛选出能有效防除抗氰氟草酯千金子的药剂，为更好地指导农业生产提供科学依据。

2. 试验条件

试验作物：水稻(镇糯19)。

栽培方式：水直播。

试验田特点：选择去年抗性千金子发生重的直播稻田田块，拟选在赫店镇平安行政村。所有试验小区的栽培条件(土壤类型、施肥、品种、行距、播种密度)须均匀一致。

3. 试验设计和安排

1)供试药剂

10%三唑磺草酮悬浮剂(稻裕)；

100 g/L氰氟草酯乳油；

25%双环磺草酮悬浮剂；

5%吡唑喹草酯悬浮剂；

1%噁嗪草酮悬浮剂；

34%敌稗乳油；

5%氟嘧啶草醚悬浮剂。

2) 剂量设计及施药方式

表4-1 药剂及用量

处理	药剂	制剂用量(ml/亩)
1	10%三唑磺草酮悬浮剂	225
2	25%双环磺草酮悬浮剂	60
3	5%吡唑喹草酯悬浮剂	200
4	1%噁嗪草酮悬浮剂	350
5	34%敌稗乳油	800
6	5%氟嘧啶草醚悬浮剂	200
7	对照药剂：100 g/L氰氟草酯乳油	70
8	对照药剂：100 g/L氰氟草酯乳油	300
9	清水对照	
10	人工除草	

3)小区安排

小区面积:30平方米,随机排列。

重复次数:3次。

表4-2 试验安排

8–1	5–2	1–3
7–1	9–2	3–3
6–1	7–2	4–3
10–1	3–2	6–3
9–1	1–2	2–3
2–1	6–2	9–3
1–1	8–2	10–3
5–1	2–2	8–3
4–1	10–2	7–3
3–1	4–2	5–3

4)施药时期及方式

水稻播后20～25天,千金子3～5叶期;茎叶喷雾处理,每亩用水量30千克。

4. 调查内容和测量方法

1)药效调查

施药后第1、3、7天目测记录千金子中毒情况,施药后第15、30天各调查一次杂草,其中施药后第15天调查株防效,施药后第30天调查株防效和鲜重防效。每小区选择4个点,每个点0.25平方米。

2)作物安全性调查

于施药后第1、3、7和15天对每个小区是否有作物药害进行目测评价,以0～100%表示(0表示没有药害,100%为植株完全死亡)。如果发生药害情况,需要拍照并记录药害症状。

0～10%:有部分植株出现变色、矮化、斑点、畸形等药害症状,未经指导的农户很难发现药害情况。

10%～20%:有清晰的药害症状出现,未经指导的农户也能观察到药害现象。

20%～30%：有明显的作物药害症状，但是作物一般能恢复生长；农户能够发现药害现象，并且部分农户认为不可接受。

30%～50%：出现典型的作物药害症状，症状可能在收获前消失，大部分作物很难恢复。

50%～75%：出现严重的作物药害，作物不可恢复，并且部分植株死亡。

75%～100%：出现非常严重的作物药害，植株严重损害，无法恢复，直至死亡。

于施药后第30天，第二次调查杂草株防效和鲜重防效，同时调查小麦株高和鲜重，每个处理区取3个点，每个点取10株小麦，称量小麦株高和鲜重。

5.试验数据计算及统计分析

防效计算公式：

$$株防效=\frac{对照区杂草株数-处理区杂草株数}{对照区杂草株数}\times 100\%$$

$$鲜重防效=\frac{对照区杂草鲜重-处理区杂草鲜重}{对照区杂草鲜重}\times 100\%$$

采用DPS软件Duncan's新复极差法对试验数据进行显著性分析，比较不同处理下防效的差异。

6.注意事项及其他

（1）各处理区间必须做田埂隔开，防止各处理区间串水影响效果。

（2）除药剂处理因素外，所有小区的农事操作均需一致，并遵循当地常规的方法进行管理。

（3）正常防治病虫害。

（4）记录试验期间的降雨量、温度等。

7.试验报告

在最后一次调查结束后一个月内，整理、分析调查数据，出具试验报告。

案例二：安徽农业大学皖北综合试验站

“安徽农业大学皖北综合试验站”位于宿州市埇桥区国家现代农业产业园，建有高标准试验示范基地600亩，开展作物品种选育、作物高效栽培、智慧农机应用等研究、示范和推广。其作为安徽农业大学建立在黄淮生态区的育种基地和良种示范推广基地，长期开展多抗、广适、优质、高产小麦新品种选育和筛选，依托试验站进行小麦、玉米、大豆新品种选育，成功选育新品种14个，其中国审品种5个。同时，皖北综合试验站组建小麦、玉米、大豆、果蔬和特色香稻米5个产业联盟，其中小麦产业联盟连续5年在试验示范基地对适宜皖北地区种植的小麦新品种进行品种筛选，为埇桥创建若干个“万亩优质小麦生产基地”提供参考材料。玉米产业联盟开展粮饲两用玉米、鲜食玉米品种筛选，年均筛选主推玉米品种和新品种不少于50个，筛选出4个适宜埇桥区种植的抗逆稳产优质品种，筛选出抗倒、早熟、优质甜玉米品种1个，黑糯玉米品种1个，青贮玉米品种1个，推广玉米品种和新品种共60个，建立1个试验示范基地，基地核心区面积3 000亩。大豆产业联盟布置大豆杂交组合500多个，中、高、低代育种材料6 000多份，年均示范和筛选优质高效大豆品种12个，助力“埇桥大豆”产业发展。7年来，皖北综合试验站积极开展试验示范推广工作，累计推广面积超2 000万亩，亩均增产110斤、增收150元，为区域粮食生产做出积极贡献。

第四节　农业技术推广信息方法

农业技术推广信息是指通过大数据、物联网、云计算、智慧农业等新型信息技术，以及集成专家库、知识库、决策支持系统等多位一体的现代化信息平台，利用互联网工具打通PC端和移动端传播路径，促进农业精准化种植、可视化管理和智能化决策，实现农业技术的高效推广。

一 农业信息技术

农业信息技术主要包含数据库、专家系统、精准农业、智慧农业和决策支持系统等，有传播快、信息量大等特点。农业信息技术目前已成为农业生产必不可少的手段，它对农业信息进行归纳、整理、处理和分析，将有用的信息有效快速传播，改变了农业生产模式、经济模式和发展思路。

二 农业技术推广信息方法

1.建立农业信息平台

农业技术推广信息化平台的主要服务形式有农业信息服务网站、基层农业推广服务站、农业主管部门微信公众号和12316农业公益服务热线等。

（1）农业信息服务网站：可提供科技服务信息、农业生产物资信息、农业技术需求信息、农业技术专家信息等。

（2）基层农业推广服务站：组建线上专家服务团队，人员包括不同作物病虫草害诊断、作物栽培、野生动植物保护和农产品安全等领域专家，提供病虫害测报、高效栽培技术推介、在线诊断与技术指导等服务。

（3）农业主管部门微信公众号：如“智慧农技（农业技术，余同）推广平台”等，农户关注后，可定期收到相关最新农业政策信息、农业技术推广工作信息、农业技术需求信息等。

（4）12316农业公益服务热线：将农业系统公益服务热线与“智慧农技推广平台”充分融合，提供气象预报、病虫测报、技术推广、测土配方、农产品市场信息等服务。

2.推介农业重点信息

通过信息技术进行农业技术推广，保障农业生产，根据农业生产者关心的重点设计服务内容，提供农业产品市场供求信息、农业生产决策、农业政策分析等服务，并做到智能化、精准化和数字化。

在种植、养殖、环保、土地与水资源利用等方面提供智能大棚技术、无土栽培技术、水肥一体化技术、智能饲喂技术、植保无人机技术、智能监测病虫害技术、生态气象监测技术等。

案例:中国农技推广App

近年来,农业农村部科技教育司大力推动农技服务信息化建设,联合中央农业广播电视学校、国家农业信息化工程技术研究中心,着力打造了全国农业科教云平台,并依托全国农业科教云平台建立了中国农技推广信息服务平台,实现基层农技推广体系队伍的履职能力与补助项目等的考核管理,以及科研、推广、应用的有效衔接,让农技推广插上信息化的“翅膀”。中国农技推广App正是中国农技推广信息服务平台的重要组成部分,目前,该平台通过Web端、App和公众号3个渠道提供服务,国家现代农业产业技术体系岗位专家、农技人员和农民皆可注册使用。该平台可实现24小时全天候、无障碍沟通互动,跨时空高效服务。农技推广信息化平台为用户提供便捷、多样化的服务,助力打通科技服务“三农”的“最后一公里”。该平台分为“农技问答”“农情快报”“科技服务”等板块,可满足不同用户的需求。

农技推广信息化平台还积极构建农业生产经营主体和产业间的信息化桥梁,积极对接供给侧和需求侧,撮合农产品市场交易。在展厅的大屏幕前,各地批发市场当日的粮棉油糖、蔬菜、畜禽等七大类重点农产品价格一目了然,这也是平台对重点农产品开展全产业链大数据试点工作的成果。平台经过数据采集、数据分析,为农业生产经营主体和公众提供权威、全面、及时、有效的市场信息服务,以帮助用户了解市场行情并做出判断。

第五章 现代农业技术推广队伍建设

第一节 农业技术推广组织

一、农业技术推广组织概念

农业技术推广组织是农业技术推广体系的一种组织机构，是由具有共同农业技术推广目标的成员组成的相对稳定的社会系统。农业技术推广组织包括国家、省、市和县政府设立的推广组织，国家、省和地方联合组建的推广组织，农业科研机构推广组织，大学推广组织，农民及企业推广组织。

二、农业技术推广组织类型

根据目前世界各国农业技术推广组织的特点，可划分为三种类型：行政型农业技术推广组织、教育科研型农业技术推广组织和企业型农业技术推广组织。

1. 行政型农业技术推广组织

行政型农业技术推广组织指以政府设置的农业技术推广机构为主的推广组织。如各地农业技术推广中心等。常因行政区域范围的划分而产生上下级行政组织。

特点：一是政府主导。我国农业技术推广机构由各级政府领导、农业行政部门管理，如安徽省农业技术推广总站。二是按行业部门自成体系。行政型农业技术推广机构由种植业、畜牧、水产、农机、水利、林业、经营管理等分别组成，并相对自成体系，如安徽省植保总站。

2. 教育科研型农业技术推广组织

指农业院校、科研机构设置的农业技术推广组织，它包括全国农林普通本科高校，涉农高职院校，国家、省、地（市）农业科学院（所）和各级各类专业研究院（所）设置的推广部门。如科研处、社会合作处、技术转移中心等。

特点：一是工作目标视项目的性质而定，服务于政府、企业、农业经营主体技术需求。二是推广项目一般来源于本单位科研成果转化。

3. 企业型农业技术推广组织

企业型农业技术推广组织以企业设置的技术服务机构为主，如技术服务部、示范基地等。服务对象是其产品的消费者或原料提供者，主要侧重于特定专业化农场或农民。

特点：一是推广内容是由企业决定的，为农民提供生产资料或资金。二是农业技术推广中大都采用配套技术推广方式。

第二节　农业技术推广人员素质要求与职责

一　农技推广人员的素质要求

农技推广人员的素质是指完全胜任推广工作所必须具备的思想品质、职业道德、技术知识、组织能力、表达能力和心理承受能力的综合表现。农技推广人员素质的高低，决定着推广工作的业绩。

1. 农技推广人员的职业道德

热爱工作，服务农民；深入基层，联系群众；勇于探索，勤奋求知；尊重科学，实事求是；谦虚真诚，合作共事。

2. 农技推广人员的业务素质

掌握学科基础知识，具备管理知识和能力、经营知识和能力、文字表达能力和口头表达能力，熟悉心理学、教育学基础知识。

二 农技推广人员的职责

1. 全国性及省、地(市)级农技推广人员的职责

负责编制农业技术推广工作计划、规划，并组织实施；按财政管理体制编报农业技术推广的基建、事业经费和物资计划；负责各级农业技术推广体系和队伍建设；检查、总结、指导所辖区域的农业技术推广工作；制定农业技术推广工作的规章制度；负责组织或主持科技成果和先进经验的示范推广。

2. 县级农技推广人员的职责

掌握全县农业技术推广情况，做好“四情”调查，及时编制技术情报，指导农业生产；承担新技术、新品种、新材料和新装备的引进、试验、示范和推广工作；组织实施农业技术推广项目，选择不同类型地区建立示范点，采用综合栽培技术，树立增产增收样板；培训农村基层干部、农民技术员和科技示范户，宣传普及农业科技知识，提高农民科学种田和经营管理水平；帮助乡、村建立技术服务组织，开展形式多样的技术指导服务。

3. 乡镇农技推广人员的职责

按照县推广计划和农民要求，制订乡村项目的实施方案；与农民技术员、科技示范户共同做好新技术、新成果的推广工作；帮助农民引入良种和先进技术，种好示范田，树立榜样，组织参观，交流经验；宣传普及农业科学技术知识；向上级反映农事动态和农民的意见，当好农业生产的情报员。

4. 村级农技推广人员的职责

具体进行宣传、指导，落实技术操作规程，为农民提供服务，反映农民的需求、问题，在技术推广示范中起带头模范作用。

5.教育科研农技推广人员职责

根据推广项目内容以及推广对象需求，坚持问题与目标导向，通过开展试验示范，开展有组织的技术服务、成果转化等农技推广工作。主要推广本单位研发的新品种、新技术、新模式和新装备。

6.企业农技推广人员职责

聚焦企业发展需求，引进或研发“四新”技术成果，在企业内部开展技术推广工作。

第三节　农业技术推广队伍素质提升

一　加强新进人员选拔

1.合理配备专业人员

基层国家农技推广专业技术人员的配备应与当地主导产业发展相适应。目前，基层农业技术推广人员不足、知识老化、年龄偏大，加强人员配备，充实年轻技术人员迫在眉睫。

2.逐步推行准入制度

聘用的新进专业技术人员必须具有大专以上相关专业学历，并通过县级以上政府有关部门组织的专业技术水平考试考核。

3.开展竞聘上岗

对聘用期满需要重新竞聘的岗位，可打破原专业技术人员限制，按照民主、公开、竞争、择优的原则，在单位内部采取竞聘上岗、择优聘用的方式，选拔有真才实学的专业技术人员到工作岗位。

二 开展在职人员继续教育

1.支持学习深造

对不具有大专以上专业学历或只有初级技术职称的农业技术推广人员，要重点鼓励并支持其到农业院校、科研院所进行专业研修深造，开展专科、专升本及专业硕士学习，提高专业水平和学历层次。

2.强化专业培训

每年组织实施农业农村部基层农技人员能力提升项目，安排骨干农技人员参加现代农业技术培训基地及现代农业产业体系创新团队培训。农业行政主管部门或农技推广部门要根据工作需求，结合农时季节定期组织开展集中培训，每年培训基层国家农业技术推广人员不少于本地农技人员总数的1/3。

三 实施定向委托培养

省级农业主管部门牵头，联合教育厅和人社厅下文，采取“入学有编制、毕业有岗”的方式，遴选省内涉农高校承担此项工作，培养专业以农科类专业为主，层次包含专科和本科，承办高校在高考录取时，通过单列计划、单独录取、单独编班、单独培养的方式，开展专项人才定向培养。一般在入学时考生就要与地方签订定向培养协议，明确服务期，毕业后到指定地市农技推广部门工作。目前，这种方式在湖南、浙江和安徽等省份得到推广应用，深受考生青睐，录取分数线较高。

四 实施农业技术推广人员职称评定

各省份农业技术推广人员均有单独的职称评定制度体系，一般由省级和市级农业农村主管部门分级负责组织评定。职称评定的核心要素有政治素质、道德品质、专业、学历、工作年限、工作业绩和继续教育等，按照职称等级，农业技术推广人员职称类型从高到低主要有正高级农艺师（畜牧、兽医）、农业技术推广研究员、高级农艺（畜牧、兽医）师、农艺

(畜牧、兽医)师、助理农艺(畜牧、兽医)师、农业技术员。

五 实施乡村振兴人才职称评审

安徽省出台乡村振兴人才职称评审实施办法,进一步激发人才活力,更好服务乡村振兴,推进人才链和产业链深度融合。乡村振兴人才职称评审主要面向长期扎根基层,从事适度规模生产经营的高素质农民、家庭农场生产经营者、农村集体经济组织和新型企业经营主体人员、农业社会化服务组织人员、农村手工艺者、民间艺人、技术能手、在乡返乡下乡回乡创新创业带头人、电商营销人员及其他涉农乡村人才。乡村振兴人才职称设置11个专业,即乡村振兴农经专业、乡村振兴农艺专业、乡村振兴农技专业、乡村振兴农林专业、乡村振兴农建专业、乡村振兴工艺专业、乡村振兴兽医专业、乡村振兴畜牧专业、乡村振兴水产专业、乡村振兴电商营销专业、乡村振兴农机化专业。乡村振兴人才职称设置初级、中级、高级三个层级。

案例一:地方农技推广队伍建设

山东省沂水县基层农技推广队伍建设

农技推广是农业科技成果转化为现实生产力的桥梁和纽带,农技人员是农技推广服务的主导力量,为此,沂水县切实加强基层农技推广队伍建设,加快培养一支“懂农业,爱农村,爱农民”的“三农”工作队伍,为推进乡村振兴、现代农业发展注入持久动力。

(1)加强专业技能建设。紧紧围绕推进乡村产业振兴、科技人才需求,以普及保障粮食安全及主要农产品供给、绿色增产、资源节约、生态环保、质量安全等先进适用农业生产技术为目标,采取有计划、分层次、分类别培训方式,开展省市县三级培训,优化知识结构,提升眼界,开阔视野。2021年选派6名农民培训讲师团成员参加省农民田间学校师资培训班,13名环境能源、种子、渔业、农机、畜牧等行业站长参加省素质能力提升培训,3名农技推广骨干参加全省农技推广骨干人才培训,14名县乡农技推广骨干参加了浙大临沂农研院举办的全市乡村振兴专题培训,86

名县农技推广人员、特聘农技员参加了市举办的素质能力提升培训。围绕年度农技推广补助项目实施，结合粮食、蔬菜、林果等产业发展，组织61名技术指导员开展县级培训，重点培训年度农业主推技术。

（2）加强村级队伍建设。为充分发挥农民技术人才在乡村振兴中的作用，加强村级农技推广队伍建设，开展农民职称评定，在种植、养殖、社会化服务等专业，评定高级农艺师4人、农民农艺师23人、农民助理农艺师62人。建立1 119人的村级农产品质量监管员队伍，为全县农产品生产源头质量控制发挥重要作用。实施农技推广服务特聘计划，公开招聘蔬菜、果树专业特聘农技员9人，公开招聘特聘动物防疫员79人，进村入户开展农技指导、咨询服务、政策宣传，助力农村经济发展、农民致富。近年来，为全县培养了大批“土专家”“田秀才”，共培育农业科技示范主体2 835个，培育新型农业经营主体及创新创业等各类高素质农民3 855人，培训农村实用人才5.1万人次。

（3）加强信息化建设。积极组织全县农技、畜牧、渔业、农机等县乡农技推广人员，充分利用“中国农技推广”App及微信公众号等现代信息技术，积极开展线上线下相结合的农技指导服务，同时引导农业科技示范主体等应用信息化手段，为广大农民提供更高水平的农技推广服务。通过广泛组织参加部省市举办的“互联网+农技推广”服务之星推荐活动、科技赋能大推广大服务竞赛活动，激发全县农技人员信息化服务热情，营造广大群众关心支持农技服务的良好氛围。

案例二：地方定向培养农技推广人员

1.浙江省定向培养基层农技人员工作

为破解基层农技人员紧缺的难题，2012年，浙江省农业厅联合省教育厅等4部门正式启动定向培养基层农技人员工作，由浙江农林大学负责，面向全省山区、海岛等欠发达地区的县（市、区）招收定培生，招生专业包括农学、植物保护、园艺、动物医学、食品质量与安全、农业资源与环境、农林经济管理等7个本科专业，全部安排在高校招生普通类提前录取，其中动物医学专业学制为5年，农学、植物保护、园艺、食品质量与安全、农业资源与环境、农林经济管理等6个专业学制为4年。

为保证这些定培生的培养质量，使他们能更好地扎根基层农技推广岗位，在教学中，浙江农林大学不但专门构建了“专业模块+特色模块”的课程体系，还实行了“双导师”和全程实践教学制度。

根据政策，这些定培生毕业后将直接受聘于生源地所在县（市、区）农业部门，担任乡镇农技推广员。具体工作单位采取竞争择优办法，由农业农村部门会商乡镇农技推广机构主管部门、人力社保部门确定，由乡镇农技推广机构与定向培养生签订事业单位人员聘用合同，合同期限为5年。合同期满，要严格实施聘期考核。聘期考核不合格的，不再续签聘用合同。

2.湖南省基层农技特岗人员定向培养计划

2019年，湖南省启动基层农技特岗人员定向培养计划，计划用4年时间定向培养2 500名基层农技特岗人员，为湖南农业农村发展、湖南由农业大省向农业强省跃升注入新鲜血液。

各地定向生培养数量由各县（市、区）农业农村局根据当地农业发展需求和基层人才储备情况确定，高考志愿报考定向专业的考生将被优先录取，定向生在校学习期间免学费、住宿费、教材费，并可按国家和省有关规定享受奖（助）学金。毕业后，由生源所在县（市、区）农业农村局会同人力资源和社会保障部门在核准使用的编制范围内采取直接考核的方式招聘，并派遣到所辖乡镇农技推广机构工作，被聘用的定向生在聘用单位服务时间不得少于5年。本科层次招生执行本科一批录取控制分数线，专科层次招生执行高职（专科）录取控制分数线。

定向培养由湖南的涉农院校负责，根据湖南农业现代化发展的需要，目前，定向培养设置了现代农业技术、作物栽培技术与管理（农学、植保、土肥、园艺等方向）、畜牧兽医、水产养殖、农业装备应用技术、农业经济、休闲农业、电子商务、农村经营管理等专业，分别按照专科层次3年、本科层次4年的学制要求培养。专业和培养院校实行动态调整。

3.安徽省基层农技推广人才定向培养计划

安徽省农业农村厅等6部门联合发文，公布《安徽省基层农技推广人才定向培养工作方案》，计划通过5年，培养一批新时代基层农技推广人才。

本科定点培养高校有安徽农业大学和安徽科技学院，专科定点培养高校有宿州职业技术学院、芜湖职业技术学院、安徽林业职业技术学院。

全省基层农技推广人才定向培养计划由省教育厅列入普通高等学校定向就业招生计划，单列志愿，提前批次录取，面向安徽省内招生。

定向培养考生参加全国普通高等学校招生统一考试，且成绩分别达到本科二批或高职（专科）批次录取控制分数线，志愿报考该定向培养计划的考生按照省教育招生考试院统一安排，上网填报本科或专科提前批次志愿。省教育招生考试院按照考生高考成绩和志愿投档，由培养院校按照招生政策，从高分到低分择优录取，成绩排名相同时，优先录取定向培养所在县（市、区）、辖区市生源。考生年龄应不超过22周岁。

入学前，须与培养高校和定向就业所在地的县（市、区）农业农村局签订定向培养就业协议书。安徽省将采取后补助方式，对定向培养的高校应届毕业生给予补助。定向培养生毕业后，须按定向培养就业协议规定，到指定的乡镇承担农技推广工作的机构从事农技推广工作，服务时间不少于5年。定向培养生在校期间每年暑期和最后一个学期，按照定向培养就业协议规定，到定向就业县（市、区）乡镇承担农技推广工作的机构实习。

定向培养生毕业后具体工作单位，由县（市、区）农业农村、人力资源和社会保障、财政部门，结合定向培养生需求和培养计划，组织定向培养生与定向县域内乡镇承担农技推广工作的机构在需求岗位范围内进行双向选择，签订事业单位人员聘用合同，合同期5年。

案例三：科研院校农技推广队伍建设

1.安徽农业大学产业联盟专家队伍建设

2012年以来，该校先后在安徽省金寨县、庐江县、黄山区、临泉县、定远县、怀宁县、埇桥区、明光市等8个县(市、区)，组建了73支产业联盟专家帮扶团队，每个产业联盟选派1名专家出任首席专家，配备8~10人的专家团队，常年有350多位专家奔波于农业生产一线，专家常下乡、常驻点，提供经常性、常态化、菜单式的精准指导与服务，并通过互联网，建立全天候、24小时"在线"的手机客户端服务模式，为地方主导产业和特色产业发展提供"全产业链"科技服务。多年来的实践探索表明，通过校市合作共建产学研服务平台，根据产业发展需求，组建"标杆"帮扶团队，提供"全产业链"科技支撑服务，是一个可复制、可推广的典型模式。

2.农业科技小院建设

农业科技小院是把高等院校农业专业学位研究生引进农业生产一线，每个科技小院须有1名学术水平高、实践能力强的专业学位研究生导师担任首席专家；每个科技小院须入驻至少2名研究生，每名科技小院研究生每学年累计进驻小院时间不少于120天。重点研究解决农业农村生产实践中的实际问题，为加快农业农村现代化、助力乡村全面振兴提供人才支撑。科技小院在解决农业发展实际问题的同时，增强了学生的科学实践能力，形成了一批理论创新成果，带动了农民生产技术生产能力的提升，培养锻炼了一批乡土人才，为农业发展提供了创新源泉。经统计，安徽农业大学首批建设的16个科技小院共吸引了141位教师和132名研究生联系服务44个农业技术协会，田间试验示范面积达8 197亩，开展线上线下培训会75次，培训农民近6万人次；结合新时代文明实践中心开展活动47次、结合党群服务中心开展活动43次，举办展览、宣传等科普活动101场，开展专题调研134次，发表科普文章或视频54篇、学术报告88篇，撰写日志1 317篇。

3.科技特派员队伍建设

科技特派员制度是1999年福建省南平市党委和政府为探索解决新时期“三农”问题，在科技干部交流制度上的一项创新与实践。科技部对南平市的做法给予了充分肯定，陆续在部分地区展开试点，目前全国大部分省市开展了科技特派员工作。

科技特派员主要来源于普通高校、科研院所、职业学校和企业的科技人员。20多年来，浙江省通过健全科技特派员联动、市场、激励与管理机制，为推动科技特派员制度创新提供了浙江智慧、浙江方案。政府推动、市场驱动融为一体，形成了市场引导、科技领跑、政府主导、农民主体、风险共担、利益共享的高效机制，这是科技特派员制度活力和生命力的根本所在，也是其最鲜明的特色；政策先行和政策创新、科技政策与产业政策融为一体，实行优惠政策、激励政策和创业扶持政策相结合，既为科技特派员行动提供了有利条件，也为完善科技特派员制度奠定了坚实基础；科技推广的公益性和效益性融为一体，推动科技推广服务与科技创新创业相结合，促进科技与各种生产要素组合，打破了城乡、地区、行业和部门间的瓶颈和壁垒；专业化、多元化、社会化各类人才融为一体，推动人才“高位嫁接”与“基层服务”相结合，广泛吸引人才与大力培训人才相结合，抓住了科技特派员制度“根本在人”的特性，造就了一支高素质、多功能、可持续的科技特派员队伍，为科技特派员制度创新发展提供了人力资源保障。截至目前，浙江省累计派遣科技特派员3.9万人次，投入财政经费15.36亿元，助力农民增收63.5亿元、企业增效45.1亿元。科技特派员制度在服务脱贫攻坚、乡村振兴和共同富裕中取得了较好成效，成为浙江高质量发展建设共同富裕示范区的一张“金名片”。

第六章 现代农业技术推广评价

第一节 农业技术推广工作评价目的和原则

一 评价的目的

农业技术推广工作评价的目的是：为决策者进一步决策、为实现推广工作总体目标、为检验实施方案的正确性、为提高推广管理工作效率提供依据。通过对推广工作、推广团队、推广技术人员的整体评价，可以检验原定推广目标实现的现实性和可能性；根据阶段性评价结果可以了解实现原定目标的进度，对是否或怎样修订原来的目标提出意见和建议。

二 评价的原则

农业技术推广工作评价应遵循以下原则。

实事求是的原则。在评价工作的整个过程中，参与评价人员要对所获原始材料进行实事求是的分析、比较，力求做到客观公正、实事求是地评价技术的各种效益，不能主观夸大或缩小。

综合效益的原则。在评价时，必须对项目的经济效益、社会效益及生态效益进行综合评价。具体地说，既要看技术上的先进性、实用性和实效性，还要考虑经济上生产者利益、集体利益和社会稳定等因素。

可比性的原则。将新技术与对照技术（当地原有技术或当前大面积

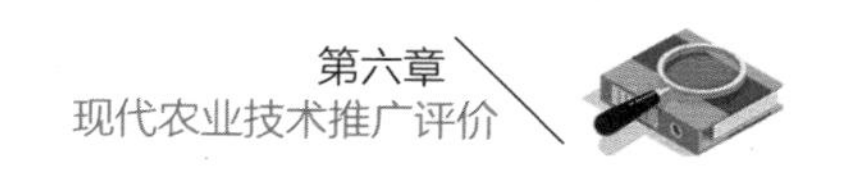

推广的技术)进行效益比较。如同一作物不同品种比较,同一种肥料、农药在不同作物上的作用比较。

第二节 农业技术推广主要成效

农业技术推广主要成效包括三个方面的内容:经济效益、社会效益和生态效益。

一 经济效益

农业技术推广经济效益是指生产投入、劳动投入与新技术推广产值的比较。经济效益的评价指标主要有粮食单产、农民人均总产值、农民人均纯收入等。

1.粮食单产

粮食单产是指单位面积粮食的产量,是农业生产效益最直接的表现形式。一般来说,耕地单位粮食产量越高,说明推广成效越好,土地可持续利用能力越高。

计算公式:粮食单产=粮食总产量/粮食播种面积

2.农民人均总产值

农民人均总产值是农牧渔业总产值的农业人口平均产值,它反映了经济的现实情况,是衡量农业技术推广成果中农村经济效益的重要指标。

计算公式:农民人均总产值=农牧渔业总产值/农业总人口

3.农民人均纯收入

农民人均纯收入是衡量农业技术推广成果中农业生产经济效益的重要指标,反映农民在进行农业和其他副业生产活动以后获得的收入。

计算公式:农民人均纯收入=农民净收入/农业总人口

二 社会效益

社会效益一般是指产品和服务对社会所产生的好的结果和影响。农业技术推广社会效益是指农业技术推广为社会所做的贡献，具体表现在：劳动就业率、人均可支配收入、人均住宅建筑面积等。

1.劳动就业率

劳动就业率是就业人口与劳动力人口的百分比，反映了一定时期内全部劳动力资源的实际利用情况。

计算公式：劳动就业率=就业人数/劳动力数量×100%

2.人均可支配收入

农村居民可支配收入通常是指居民家庭可用于最终消费、非义务性支出以及储蓄的收入，包括工资性收入、家庭经营纯收入、财产性收入和转移性收入。

农村居民人均可支配收入是按照家庭常住人口计算的一个平均指标，是指家庭中所有成员的平均收入。家庭成员既包括有工作和收入的人员，也包括家庭中没有收入的其他成员，如老人和未成年子女等，这些没有收入的家庭成员同样分摊数值相同的人均可支配收入。

计算公式：农村居民人均可支配收入=（农村居民总收入-家庭经营费用支出-税费支出-生产性固定资产折旧-财产性支出-转移性支出）/家庭常住人口

3.人均住宅建筑面积

人均住宅建筑面积是指按居住人口计算的平均每人拥有的住宅建筑面积，该指标是反映农民居住水平的基本指标。该指标越大，说明居民的生活质量越高，可持续发展态势越好。

计算公式：人均住宅建筑面积（平方米/人）=住宅建筑面积（平方米）/居住人口（人）

三 生态效益

农业推广生态效益是指项目推广应用对作物生长发育和人类生存环境的影响效果。主要有三方面：一是自然资源保护和利用状况，包括对土地、水、森林、草业和生物多样性的保护；二是对环境质量的影响；三是资源开发的合理性。

1.肥料利用效率

肥料利用效率是指在农业生产过程中，施用肥料所带来的好处和利益。提高化肥施用量，可以在一定程度上提高农作物产量，对于提高经济效益起到重要作用。但是，肥料施用量过多，会造成土壤板结，土地资源和水资源受污染。因此，要尽量提高肥料利用效率，以最低的环境代价换取最大的农业产出。

2.农药利用率

平均农药使用量指标反映对土地和环境的污染程度。该指标越小，说明对环境的污染越小，对环境的可持续发展也就越有利。

3.中低产田改造程度

中低产田改造是指把中低产田改造成肥力更高、更有利于农业生产的土壤，这种改造对于水资源的利用效率会更高。这个指标反映了农业发展水平的高低。

第三节 农业技术推广工作评价机制

一 推行农业技术推广责任制度

1.目标管理

农业技术推广工作目标管理，就是将各项推广职能分解成具体任务，细化量化并落到每个推广机构、每个推广岗位、每名农技人员等。

2.首席负责

特色产业实行县级农业技术推广首席专家负责制,县域农业主导产业设置县级首席专家,组织技术推广团队负责制订并组织实施重大农业技术推广计划,开展关键农业技术的引进、集成、示范和推广,研究解决农业生产技术难题,指导农业灾害应急处置。

3.过程管理

督促农技人员制订工作计划,填写工作台账,撰写工作总结,强化工作考勤和督查,实行技术服务信息公开,确保职责有效履行。

二 对农业推广工作的评价

农业技术推广工作的内容很广,涉及推广的全过程。下面就推广中决策、目标、执行、试验、结果等方面评价作简要介绍。

1.对推广决策的评价

推广决策是推广管理工作的一项重要职能。看是否将农业生产中迫切需要解决的问题作为决策目标,经过项目评估分析、方案对比,以及目标实现情况、群众的满意度等方面来评判决策是否合理。

2.对推广目标的评价

农业技术推广目标是实现农业发展所要达到的标准。农业技术推广目标是否实现可以通过评价技术路线、推广效果以及规划、计划执行情况等综合材料。可以请专家、推广人员、农民代表实事求是地评价,对原目标进行修正。

3.对规划、计划执行结果的评价

一般规划、计划产生执行结果时,都需要进行一次评价,总结成功经验,找出存在问题,分析规划、计划的各个组成部分在实现目标过程中所处的地位和作用。

4.对示范试验的评价

示范试验是在适应性试验基础上进行的试验,也是大面积推广前不可或缺的环节。要充分吸纳试验管理人员、技术人员对试验适应性、试验规范性、技术可行性进行评价。

5.对推广项目实施结果的评价

对推广项目实施结果的评价一般在项目结尾时进行。评价时,以决策、计划、目标、实施方案、项目总结、实物、标本、途径、现场等为依据,以原有技术为对照,对实施结果进行评价。

三 对农业技术推广团队和人员的评价

对农业技术推广团队和人员的评价,即对其业绩的评价。不同地区的经济水平有所差异,不同区域产业定位有所区别,发展需求和发展目标不尽相同,因此,对农业技术推广团队和人员的评价应避免“过度标准化”“过度量化”“弹性缺乏”等问题,以开展分类评价为宜。

1.评价分类

农业技术推广团队评价可分为技术服务型团队评价和人才培养型团队评价,其中技术服务型团队评价包含复合型团队评价和单一专业型团队评价;农业技术推广人员评价可分为团队负责人评价和团队成员评价。

2.评价指标

评价指标可因地制宜,根据区域特色和地方需求,围绕满足什么核心需求、解决什么技术问题、引进什么品种、提供什么咨询服务、给予什么建议、年均增效达到多少等来进行灵活设置。但以目标为导向、以成效为根本这一评价核心不变。

在技术服务型农业推广团队评价中,对复合型团队的评价可以以是否服务区域集体经济发展、助力产业壮大、提高行业知识水平等指标为主,对单一专业型团队的评价可以以是否拥有自主知识产权、转化科研成果、取得技术突破、带动领域发展等指标为主。在农业推广人员评价中,对团队负责人的评价以年度计划目标或合同期内绩效目标等指标为主,对团队成员的评价以具体分工工作量为指标。或按人员级别,对农业推广人员设置不同的评价指标:对正高级人员,主要考核其对团队的贡献,以成员培养、团队建设、推广成效成果等为指标;对副高级人员,主要以培训、科研、公共服务各项职责的完成情况等为指标;对中、初级人员,主要以出勤、人才培训、品种推广、参与服务对象规划、建设和发展的情况等为指标。

3.评价体系

在农业推广团队和人员分类评价中,可建立评价指标体系。

(1)团队评价由于存在类型、服务区域、主要服务内容的差异,服务的指标和目标均有极大不同,为了保证公平、公正,需要结合实际情况对指标体系进行适当调整,构建差异化评价指标体系。

相关指标简记如下:

A_i:自主知识产权、转化科研成果得分;B_i:取得技术突破得分;C_i:人才培训得分;D_i:取得经济效益、社会效益和生态效益得分;N_i:其他指标得分。各指标分值权重可根据评价目的进行调整。

$$\text{团队得分 } W=\sum_{i=1}^{n}A_i+\sum_{i=1}^{n}B_i+\sum_{i=1}^{n}C_i+\sum_{i=1}^{n}D_i+\sum_{i=1}^{n}N_i$$

i=1,2,3,…,n(n表示各个指标中的所有项目)

(2)人员评价由于不同成员间职位和分工不同,服务的指标和目标同样有极大不同,仍需要结合实际情况对指标体系进行适当调整,构建差异化评价指标体系。

相关指标简记如下:

A_i:年度计划中主要工作任务完成情况得分;B_i:年度计划外工作开展情况得分;C_i:服务出勤情况得分;D_i:服务对象满意度得分;N_i:其他指标得分。各指标分值权重可根据评价目的进行调整。

$$\text{人员得分 } W=\sum_{i=1}^{n}A_i+\sum_{i=1}^{n}B_i+\sum_{i=1}^{n}C_i+\sum_{i=1}^{n}D_i+\sum_{i=1}^{n}N_i$$

i=1,2,3,…,n(n表示各个指标中的所有项目)

可根据评价需要,设置优秀、良好、合格和不合格4个档次,并根据具体情况确定各档次分数。

4.评价结果(激励和处罚)

评价中可以将评价机制设置权下放到相关管理部门,评价结束后落实相应的激励和处罚。

激励:包括兑现绩效工资、职务职称晋升、岗位调整、合同续聘解聘、技术指导补贴发放、学习培训和评先评优等。

处罚:主要处罚手段包括扣除奖励、津贴等,以及对团队予以调整,对人员进行低聘、缓聘或解聘等。

案例一:某高校县域农业产业联盟管理

一 产业联盟设立与调整

1.产业联盟的设立

产业联盟的设立由学校与地方政府指定的联系部门提出,报校、县(市、区)产学研联盟理事会审批。

2.产业联盟的调整

综合试验站所在地产业联盟的调整,由综合试验站会同地方联络部门提出调整方案,其他县(市、区)产业联盟的调整由地方联络单位与学校联络部门提出调整方案,报校、县(市、区)产学研联盟理事会批准。

二 产业联盟的目标与任务

1.主要目标

围绕产业转型升级、提质增效的人才技术需求,以新型农业经营主体为主要服务对象,以体制机制创新为动力,整合校县(市、区)的人才技术资源,联合开展人才培养、技术创新、技术推广和创业孵化工作,全面提升县域农业主导产业的科技水平和市场竞争力。

2.主要任务

(1)调查分析产业发展的现状、趋势及其转型升级的技术路径,拟定产业联盟的发展规划与年度计划，为政府决策提供咨询服务。

（2）以农业科技园、现代农业产业园、综合试验站、特色产业试验站及产业联盟内新型农业经营主体等为载体，建立一批产业技术研发基地、科技示范基地、实习实训基地及创业孵化基地。

（3）研发、集成产业发展的重大共性关键技术，形成支撑产业发展的技术体系；广泛开展新品种、新技术的示范与推广，加快先进科技成果的转化与运用；协同开展本科生、硕士生实践教育及地方新型农业经营主体的实践技能培训与创业培育。

（4）积极探索农业技术转移推广新路径、新模式，加速形成从研发到推广各个环节紧密衔接、政产学研用紧密结合、教科推多位一体的新型大学农业技术推广服务模式。

三 产业联盟及其首席专家绩效考评

产业联盟及其首席专家的绩效考评分为年度绩效考评和聘期综合考评两种。综合试验站所在地的产业联盟及其首席专家的年度绩效考评，由综合试验站组织实施；聘期综合考评其他县（市、区）产业联盟的年度绩效考评，由学校会同地方主管部门联合实施，考评结果报校县（市、区）产学研联盟理事会审批。具体考评办法另行制定。

四 产业联盟校方专家工作业绩的认定与待遇

（1）地方政府拨付给产业联盟的年度工作经费，计入首席专家年度横向项目科研工作量，或由首席专家根据岗位专家的工作实际，将经费额度分成若干份额分配给联盟内的校方岗位专家并计入其年度横向项目科研工作量，首席专家个人获得的经费额度原则上不少于所在联盟年度经费总额度的1/3。

（2）产业联盟首席专家到所在县域开展科技服务，年度考评合格但教学工作量没有达到额定工作量的，每年最高可减免1/3教学工作量。

（3）学校教师到综合试验站执行本科生实践教学计划，按学校实践教学工作量的1.2倍计入其教学工作量。

（4）产业联盟专家驻点综合试验站、特色产业试验站开展科技服务活动，按照出差补助标准执行，经费从产业联盟专项经费中支出。

（5）产业联盟首席专家在年度考评中被评为优秀且在学校年度考评合格以上的，按不低于15%的比例在学校年度考评中认定为优秀档次，不占所在学院指标。

（6）退休返聘的首席专家考评合格的，根据学校有关文件发放返聘工资；在产业联盟考评中获优秀者，学校按照专业技术人员年终考评优秀档次给予奖励。

（7）进入推广职称系列的专家，其推广业绩纳入学校年度考评和聘期考评之中，作为职称晋升、任期考评的重要依据。

案例二：某地年度科技特派员绩效考核办法

为全面贯彻落实国家、省、市关于科技特派员工作的要求，进一步加强和规范科技特派员管理，特制定本考核办法。

一 考核对象

经选派的"一对一"服务行政村（含农村社区）科技特派员。

二 考核内容

科技特派员考核实行日常评价和年终考核相结合的方式。

（1）日常评价内容：主要为科技特派员到行政村开展服务情况和"安徽省科技特派员信息管理服务平台"信息录入情况。

（2）年终考核内容：主要有年度履职情况、服务成效、满意度等。

三 考核分值设置

科技特派员考核实行百分制，日常评价占50分，年终考核占50分。

四 考核结果运用

科技特派员考核分优秀、合格、不合格三个等次。年度考核优秀的科技特派员给予不超过1 000元的奖励，并优先安排科技特派员创新创业项目。年度考核不合格的，取消其科技特派员资格。

五 考核说明

科技特派员考核工作由市委农村工作领导小组科技特派员办公室负责，市科技局牵头组织实施，根据日常评价和年终考核情况确定科技特派员考核等次，并将考核结果通报科技特派员派出单位。

表6-1　年度科技特派员绩效考核评分细则

序号	考核内容		分值	考核办法
1	日常评价（50分）	根据服务对象（行政村、企业及新型经营主体等）的技术需求，年初制订切合实际的技术服务方案	2	报科技局备案，根据报送情况评分
2		每月为服务对象提供现场科技服务不少于1次，每次不少于1个工作日	12	平台上传文字、图片等材料，根据录入情况评分
3		每年开展线下科技培训不少于4场，全年培训不少于100人次	16	平台上传参训人员签名表、文字及图片等材料，根据录入情况评分
4		每季度至少在平台上传服务成效1次	8	根据平台录入情况评分
5		全年在平台上发布优良品种、种养技术、市场供求等信息及提供远程咨询解答、技术指导等线上服务不少于12次	12	根据平台录入情况评分

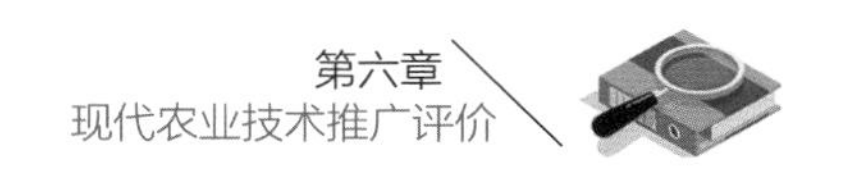

续　表

序号	考核内容		分值	考核办法
6	年终考核（50分）	引进推广农业“四新”科技成果，佐证材料报市科技局备案	15	平台上传文字、图片等材料。根据录入情况及引进推广科技成果数量和质量评分
7		按照土地（设备）租赁、包产包销、产学研合作、入股（技术、资金）分成、领办创办经济实体等多种方式建立利益联结	5	根据现场核查及上报备案的利益联结典型案例评分
8		做实科技特派员示范点（帮扶点），同时探索“科技特派员+党建、生态、文旅”等示范点（帮扶点）	10	根据现场核查及上报的示范点（帮扶点）备案材料综合评分
9		服务对象根据科技特派员工作态度、工作表现、工作成效等情况进行测评	10	根据服务对象测评情况评分
10		完成市委农村工作领导小组科技特派员办公室安排交办的其他工作	10	根据工作完成情况评分
11	加分项（20分）	作为项目主持人实施科技项目	2	根据项目立项及项目实施情况评分
12		撰写、制作与科技特派员工作相关的材料在市级以上官方媒体宣传报道	8	根据上稿凭证每篇分别加1～2分
13		获得市级以上与科技特派员工作相关的表彰奖励、经验推广、典型示范	10	根据相关文件、图片等佐证材料加5～10分

第七章 现代农业技术推广项目申报与实施

农业技术推广项目的申报与实施是农业技术推广系统中一项非常重要的工作。通过科学编制申报文本、精准组织项目的实施、总结、验收以及申报科技成果奖等工作，可以实现生产技术需求与技术研究的有效对接，促进农业科研实用技术和成果及时应用于农业生产一线。

第一节 农业技术推广项目申报

随着科技的进步，农业生产中不断涌现出可供推广的新品种、新技术、新装备、新模式。为了确保农业技术的顺利推广，需要因地制宜地选择农业技术推广项目，并编制行之有效的项目申报文本。在编制项目申报文本时，要科学合理地安排和调配资源，充分论证项目科学性与可行性、设计项目建设方案、规划经费投入与使用、进行市场分析和效益分析等。

一、编制农业技术推广项目申报文本

编制农业技术推广项目申报文本，需要综合考虑项目实施的实际情况、农民生产需求、农业发展需求、科学研究需求、市场需求、资源条件等。同时，还需要注意项目的持续性和可持续发展，促进技术的长期推广和应用。

1.编制农业技术推广项目申报文本的依据

(1)农民生产需求。农业技术推广项目文本编制依据之一是农民生

产的实际需求。这包括农民对生产技术、优质农产品品种推广、信息化、营销知识、技术培训、科学知识普及等方面的需求,确保项目能够落到实处。

(2)农业发展需求。农业技术推广项目文本的编制应考虑国家和地方的农业发展需求。政府部门制定的相关政策或规划,如土地政策、环保政策、食品安全政策、农业现代化规划、产业发展规划、农业园区发展规划、农村经济发展规划等,对于农业技术推广项目的制定和实施具有一定的指导意义。

(3)科学研究需求。农业技术推广项目文本的编制还应基于科学研究需求。科学研究机构和专家团队要充分调研农业生产第一线"四新"技术需求,有针对性地规划农业研究项目,为农业生产提供源源不断的先进技术,确保推广项目具备科学性和可行性。

(4)市场需求。农业技术推广项目文本编制还要考虑市场需求。通过对市场需求的分析和预测,可以确定推广项目的经济效益和重点内容。没有考虑市场需求的项目,研究毫无意义。农产品市场对于某些农业技术的需求,如高品质、高产量、低成本等,会直接影响农业技术推广项目的选择。

(5)资源条件。农业技术推广项目文本的编制还要考虑资源条件。资源条件包括生产条件、物质资源、人力资源、资金来源、外部环境等方面的条件。通过对资源条件的评估和分析,可以确定项目实施的可行性和可持续性。

2.编制农业技术推广项目文本

编制推广项目文本的一般步骤:

(1)确定推广目标。明确农业技术推广项目的整体目标和具体目标。例如把提高某个农产品质量作为总体目标,具体目标有影响农产品质量的因素等。

(2)分析目标群体。对农业技术推广的目标群体进行深入分析,包括农民的经济水平、土地资源状况、生产规模、技术水平以及需求和接受程度等,这有助于确定推广策略和方法。

(3)制订推广计划。根据推广策略和目标,制订具体的推广计划。明确推广活动的内容、地点、时间、责任人等信息,制订预算和调配资源计划,明确推广所需的人力、物力及资金支持,以及政策宣传、技术培训、科普宣传等内容。

(4)编制项目文本。农业技术推广项目文本一般包括:项目基本情况(项目名称、资金类别、项目单位等);背景与意义(项目实施的必要性和可行性、现状、预期目标等);内容或任务(建设指标、推广指标、技术指标、经济指标等);技术路线(技术内容、技术模式、组织方式等);实施进度;资金安排;保障措施(组织、人力、物力、宣传等)。

二 农业技术推广项目选择

1.选择推广项目原则

选择农业技术推广项目应遵循适应性、先进性、可持续性、可操作性和可复制性等原则,以实现农民收益最大化。

(1)适应性原则。选择推广项目应符合当地的农业生产条件、农民生产需求、农业发展需求、市场需求等,应考虑到不同地区的气候、土壤环境因素与农作物种植结构、加工水平等差异。

(2)先进性原则。选择推广项目时应优先选择经过科学研究、验证和推广示范的先进的技术理念、操作方法,以确保其可行性和有效性。

(3)可持续性原则。选择推广项目时应注重生态环境保护,减少对资源的消耗和环境的污染,注重生态效益、社会效益,促进农村经济社会的全面发展。

(4)可操作性原则。选择推广项目应为农民提供简易的通俗易懂的技术指导和操作流程。推广项目应考虑到农民的现实情况和技术水平,提高农民的接受度和应用能力。

(5)可复制性原则。选择推广项目应注重在示范区域的有效实施,应建立合理的推广机制和模式,确保能够扩大项目推广范围,覆盖更多的农民和农业生产区域。

2.选择推广项目的方法

（1）需求调研。开展农业领域的需求调研，了解农民的实际需求和技术问题。可以通过问卷调查、座谈、实地考察等方式获取相关信息，深入了解农民的意见和建议。

（2）技术评估。评估不同农业技术的可行性，可以参考科研机构、农业专家的技术研究成果，以及相关文献资料，对不同技术进行评估比较，选择适合推广的技术。

（3）示范推广。将所选推广项目应用到实际农业生产中，通过设立示范基地、开展培训、观摩等方式进行示范推广，观察项目的推广效果和农民的反馈。

（4）评估监测。组织评估专家定期对所选推广项目进行监测调研、评估，对项目的实施情况进行监控和评价。

（5）效益分析。评估项目的经济效益、社会效益与生态效益，是依据产出、成本、投资回报率等因素来判断综合效益，以此选择具备较好综合效益的推广项目。

（6）政策支持。研究国家、地方农业扶持政策，选择符合政策导向的推广项目。

三 农业技术推广项目确定

1.农业技术推广项目评估、论证

提交可行性研究报告，包括以下方面：

项目概述—技术描述—市场分析—技术可行性分析—经济效益分析—社会效益分析—生态效益分析—风险分析—可持续性分析—项目计划和实施方案—结论和建议等。

2.农业技术推广项目确定

（1）项目决策。项目决策包括明确项目的背景、目标、范围和预期效果等。项目决策也需要考虑项目的可行性、可持续性以及社会经济效益等因素。

(2)签订项目合同或任务书。项目合同或任务书应明确项目的目标、时间表、责任分工、预算和支付方式等重要内容。通过项目合同或任务书的签订,可以确保项目各方之间的沟通和协作,更好地推进农业技术推广项目。合同或任务书具有法律效力,能够帮助解决合作中可能出现的纠纷或争议,并为项目的执行和完成提供保障。

第二节　农业技术推广项目实施

农业技术推广项目的组织实施是确保项目顺利完成的关键和重要保证。通过制订实施方案、确定工作任务、组织实施与监督检查等工作,可以确保农业技术推广项目的顺利实施,提高项目的实施效果,促进农业技术的广泛应用和推广。

一　项目实施

项目实施是指根据制订的实施方案,具体执行农业技术推广项目的各项任务和工作。下面是一些关键步骤。

(1)分解任务:根据项目方案中确定的推广内容和目标,进行具体的任务分工。

(2)资源准备:准备项目所需的人力、物力等资源。

(3)推广活动:开展各种农业技术推广活动,包括技术培训、示范推广、技术咨询等,有效实施技术方案与实现推广目标。

(4)合作与沟通:将推广工作与实际需求相结合,推广人员与农户、农业企业以及相关部门建立良好的合作关系,加强沟通与协作,提高推广效果和影响力。

(5)监测与评估:对推广活动和推广效果进行跟踪和评估,根据评估结果,及时调整推广计划和措施。

二 监督检查

监督检查是指对实施方案的执行情况进行监督和检查，以确保项目按照计划和要求进行，为决策和调整提供依据，从而提高项目的质量和效益。

（1）确定监督检查目标：明确监督检查的目标和要求，包括对实施方案执行情况、推广效果等方面的监测和评估。

（2）设立监督检查机构或岗位：成立专门的监督检查组织或设立相应的岗位，负责实施监督检查工作，确保监督检查有专人负责，并具备相应的专业知识和经验。

（3）制订监督检查计划：根据实施方案的要求和项目进度，制订监督检查的时间表和计划，并明确检查内容和范围。

（4）进行实地检查：通过实地走访、检查记录等方式，收集和整理监督检查过程中获得的各类数据和信息，对项目推广活动、工作进展情况进行检查。

（5）分析和评估：对收集到的数据进行分析和评估，发现问题和不足之处，并提出改进意见和建议，确保在项目推广过程中及时纠正问题。

（6）撰写监督检查报告：根据监督检查结果，撰写监督检查报告，包括问题分析、改进措施建议、资金使用情况和绩效等。向相关负责人或机构提交监督检查报告，供其决策时参考。

（7）追踪整改情况：对监督检查中发现的问题和不足，跟踪整改情况，确保问题得到及时解决和改进。同时，对整改效果进行评估和反馈。

第三节　农业技术推广项目总结、验收、报奖

一 项目总结

通过对农业技术推广项目的年度总结和阶段性总结以及全面总结，

可以总结成功经验、及时发现并解决问题，为后续的科技推广工作提供指导和借鉴。

1.撰写工作报告

推广项目工作报告是对该项目进展情况、达成的成效以及遇到的问题和解决方案等进行总结。在撰写推广项目工作报告时，要力求简明扼要、语言准确、结构清晰。下面是撰写推广项目工作报告的一般步骤和内容。

(1)引言：在报告的开头，简要介绍项目的背景和目标，说明报告的目的和范围。

(2)项目概况：进行项目的概述，包括项目的名称、起止时间、项目团队成员和组织结构等信息。

(3)进展情况：详细描述项目的进展情况，包括已完成的工作、正在进行的工作和计划中的工作，可以使用图表来呈现工作进度。

(4)成果与效益：列举项目所取得的主要成果和效益，如新品种、新专利、新模式、新标准、新技术等，对每个成果和效益进行具体描述，并给出相关数据和指标。

(5)经验教训：总结项目的经验教训，包括成功因素、失败原因、团队合作经验、项目管理方法等方面的总结和反思，提出对未来项目的建议和改进措施。

(6)结论：对整个项目进行总结，并给出对项目未来发展的展望和建议。

(7)附录：附上相关的图表、会议纪要、报告等辅助材料，以便读者更深入地了解项目情况。

2.撰写技术总结

撰写推广项目技术总结是对该项目中所使用技术的回顾和总结，重点强调技术选择、实施过程、遇到的问题及解决方案，以及技术效果等方面。下面是撰写项目技术总结的一般步骤和内容。

(1)技术选择：介绍项目中所采用的关键技术，如育种技术、栽培技术、信息技术、生物技术、加工技术、装备技术等。

(2)技术实施:详细描述技术的实施过程,包括实施时间、地点、组织方式、实施条件、技术路线等。

(3)技术效果:列举相关数据和指标,以证明推广项目在技术方面取得的主要成果和效益,如社会效益、经济效益与生态效益等。

(4)技术经验教训:总结项目中成功的实践经验和失败的教训。

(5)技术展望:对项目未来的技术发展进行展望,包括可持续发展的技术策略、技术趋势的预测、新技术的应用前景等,提出改进建议与措施。

二 项目验收

推广项目验收是科技行政管理机关或项目委托单位根据规定的形式和程序,聘请同行专家对项目完成的质量和水平进行审查、评价并得出相应结论的过程。验收分为阶段性验收和项目完成验收。阶段性验收是针对项目中比较明确和具体的实施内容或阶段性计划工作进行评估,并根据评估结果得出结论。项目完成验收则是对整个项目计划(或合同)总体任务目标的完成情况进行评估,并根据评估结果得出结论。

1.项目阶段性验收条件

(1)实施内容或阶段性计划工作明确和完整。

(2)阶段性工作的进展符合预期目标。

(3)项目执行过程中的关键问题得到解决或妥善处理。

(4)相关指标、数据或成果达到规定要求。

2.项目完成验收条件

(1)推广工作完成情况:项目完成后,需要评估服务对象对所推广的品种、技术、产品的接受程度和项目效果,以及推广单位技术服务合同履行情况等。

(2)项目实施现场和产品:对于涉及实物或设备的项目,需要对项目实施现场和实物进行检查,确保其符合合同要求并具备可用性。

（3）佐证材料：项目完成后，需要提供相关的佐证材料，如实验记录、技术文档、应用单位或经营主体使用技术产生的效果书面证明材料等，以证明项目的完成情况和成果。

（4）分析、检测报告：根据项目的特点和需求，可能需要进行相关的分析和检测，以评估项目的质量和水平，并提供相应的报告。如土壤检测报告、农作物品质检测报告等。

（5）经费决算报告：项目完成后，需要对项目经费进行决算，并提供相应的决算报告，包括支出明细、资金使用情况等，确保经费使用合规透明。

3.验收方法

农业技术推广项目的验收，依据项目内容的不同，可以采用不同的验收方法，如现场验收、会议验收、检测审定验收和网络验收。

（1）现场验收：专家组或相关人员亲临项目现场，对项目完成情况进行实地考察和评估。在现场验收中，验收人员会对项目的实施情况、工作成果及设备、设施等进行全面检查和评价，以确保项目的质量和水平达到要求。

（2）会议验收：通过召开会议的形式对项目完成情况进行评估和审查。在会议验收中，相关参与方包括科技行政管理机关、项目负责人、同行专家等，对项目的整体进展、成果达成情况、遇到的问题及解决方案等进行讨论和评判，最终得出验收结论。

（3）检测审定验收：通过检测、测试和审定项目相关设备、产品或成果进行验收。常用于涉及农作物产品、科技设备、农药研发等的项目，验收依据一般是相关的技术标准、规范和要求，通过检测和审定的结果，来评估项目的质量和达成程度。

（4）网络验收：通过互联网或其他网络平台进行项目验收。相比传统的现场验收，网络验收具有一定的便利性和灵活性，可以节省时间和成本。

4.验收内容

推广项目的验收内容包括以下几个方面：

(1)推广目标的达成情况。验收方评估推广项目是否达到预期的目标，如合同履行、技术指标、经济效益、社会效益、生态效益等。

(2)推广渠道和协作的有效性。验收方评估推广项目所采用的渠道和策略是否有效，各部门协作、配合是否高效。

(3)项目示范应用效果情况。验收方考察项目推广示范的范围与成效，如推广应用多少面积、农民增产增收情况、其他地方应用推广情况等。

(4)用户反馈和满意度。验收方考察用户对推广项目的反馈和满意度，通过调查问卷、用户评论等方式收集用户的意见和建议，以了解他们对项目的接受程度和满意度，从而判断项目的推广效果。

(5)预算和资源利用情况。验收方评估推广项目的预算和资源利用情况，通过对项目的投入与产出进行对比，以确定预算的合理性和资源的有效利用程度。

(6)时间进度的控制。验收方关注推广项目是否按照计划进行，以确保项目在规定的时间内完成，并能够适时地获得推广效果。

(7)报告和数据分析。推广项目执行方需要提供相关的报告和数据分析，以证明项目达到预期的推广目标。这些报告应包含详细的推广过程、数据统计和分析，以及对项目成效的解读和总结。

三 成果登记与报奖

1.成果登记

成果登记是指将项目或研究所取得的具体成果进行记录和备案的过程。在科研、技术研发、学术研究等领域，成果登记是一个重要的环节，旨在确保成果的可追溯性和保护知识产权。以下是成果登记的一般步骤和内容。

(1)确定成果类型：根据项目或研究的性质，确定成果的类型，如通过审定的动植物新品种、通过鉴定的新技术、发布的标准(行标、地标)、授权的专利、软件著作权等。

(2)收集成果信息:收集与成果相关的各类信息,包括成果的名称、作者(团队)、完成单位、研究内容和方法、创新点、关键技术或方法、数据和实验结果等。

(3)准备成果材料:准备成果登记所需的材料,如新品种审定证书、标准文本、专利证书、验收报告、查新报告、推广应用证明材料等。根据成果类型的不同,所需材料也会有所差异。

(4)填写登记表或申请表:根据相关规定,填写成果登记表或申请表。表格中通常包含成果的基本信息和详细描述,申请人的个人信息,以及必要的附件和证明材料。

(5)提交申请:将填写完整的成果登记表或申请表及相关材料提交至指定的成果管理机构或部门。

(6)审核和审定:提交成果登记表或申请表及相关材料后,相关机构或部门会对申请材料进行审查,以确认成果的真实性、独创性和可行性。

(7)颁发证书或文件:在成果经过审核和审定后,相关机构或部门会颁发相应的证书、文件或登记号码作为对成果的认可和确认。

2. 申请报奖

目前我国农业技术推广成果主要可以申报国家级、省级和地市级科学技术进步奖以及全国农牧渔业丰收奖、各类农业科技推广奖等。对于农技推广成果的申请报奖,不同级别奖项申报条件不一样。

(1)申请报奖需要的材料:以申报科技进步奖为例,需要申报书、项目验收鉴定证书、推广项目总结报告、应用证明(其中经济效益证明必须加盖行政财务印章)以及其他证明材料等。

(2)申请报奖一般步骤:首先,需要对农技推广项目进行全面的总结,包括项目的背景、目标、方法、实施过程、取得的成果和效益等内容;其次,根据不同的奖项,了解相应的评选要求和条件;再次,准备申报材料、填写申请表格、提交申请;最后,评审与颁发奖项。

需要注意的是，不同的奖项可能有不同的申报流程和时间安排，具体操作时还需参考奖项的要求和接受主办方的指导，力求使申请更具说服力和竞争力。

案例一：2023年中央财政绿色高产高效行动项目申报书

项目任务名称：某县油菜绿色高产高效行动项目

项目实施单位：某县农技推广中心

联　　系　　人：某某

联　系　电　话：1822621****

县级主管部门：某县农业农村局

联　　系　　人：某某

联　系　电　话：1885650****

填　制　日　期：2023年4月28日

安徽省农业农村厅

2023年4月28日

一、项目背景和意义

（一）项目实施的必要性和可行性

（1）必要性。新常态下，落实创新、协调、绿色、开放、共享的新发展理念，促进粮油产业可持续发展必须走高产、高效、产品安全、资源节约、生态友好的现代生态农业化之路。而实施油菜绿色高质高效项目可有效解决我县农业生态受损和粮食种植结构调整等难题，种植油菜一方面可提升稻米品质和耕地质量，另一方面可减少某县冬闲田面积，充分利用冬闲田扩种油菜，增加农民收入。

（2）可行性。实施油菜绿色高产高效示范创建，推广绿色高产高效技术模式，实现增产增效、节本增效、提质增效，是提升某县粮油产业竞争力的重要途径，是确保种植业可持续发展的必由之路。实施油菜绿色高质高效创建，可以提高土地产出率、劳动生产率和投入品利用率，实现农药、化肥“两个负增长”。项目实施后全县水稻和油菜单产可提高1～2

个百分点，亩均节本增效150元以上。

（二）生产现状

近几年来，某县农业农村局高度重视油菜生产，把扩大油菜生产、做大做强油菜产业作为秋种农业的重头戏来抓，着力提升油菜种植水平，逐步实现种地养地相结合。油菜作为某县主要秋冬季作物之一，种植面积占秋冬季作物的30%以上，单产水平一直保持在全省前列，实施油菜绿色高质高效创建项目基础牢固，加之近两年来油菜籽价格一直居高不下，农户种植油菜的积极性较前几年有较大提升，且某县正大力发展优质专用粮食生产等有利因素影响，实施油菜绿色高产高效创建项目有诸多优势。

（1）基础优势。某县是全国优质油菜生产基地县，是全国双低油菜生产先进县，油菜生产是某县午季生产的主要作物，种植面积常年稳定在20万亩左右。2022年承担实施全国油菜绿色高质高效示范行动项目，基本实现县域内技术全覆盖，实施项目基础牢固，且加之冬闲田扩种油菜项目叠加，种植大户种植油菜积极性正处于高速恢复当中，项目实施基础优势明显。

（2）技术力量优势。某县农技推广机构健全，技术力量雄厚，历年实施水稻项目创建和开展试验示范的工作基础较好。项目实施单位某县农技推广中心专业人员配备齐全，设施设备完善，技术推广和项目实施能力强。全系统现有技术人员154人，其中农技推广研究员5人，高级农艺师43人，农艺师78人，初级职称的人有28人。拥有专门的办公及检验检测场所，以及成套的土壤检测设备、农作物病虫监测设备、种子检验检测设备、应急病虫防治机械等。农技推广中心设有土肥站、农技站、植保站等多个业务机构，并在全县20个镇都设立了农业综合服务中心。农技推广中心多次承担并组织实施国家、省、市级重要农业科技项目，积累了丰富的项目建设及管理经验。

（3）机械化生产优势。截至2022年底，县农机总动力达76.58万千瓦，拥有各类拖拉机1.67万台，其中农田作业大中型拖拉机2 513台、联合收割机1 869台；拥有植保无人机432台。全县机耕、机播（插）、机收作业面积分别达到147万亩、106万亩、131万亩，主要农作物综合机械化水平达82.52%，油菜耕种收综合机械化率达87.28%，基本实现全程机械化，通过种肥同播、飞播、飞防、飞施等技术应用，进一步促进油菜优质丰产、节本增效。

（三）预期目标

针对某县油菜生产肥、水、药等利用率较低等突出问题，重点围绕品种选择、肥水运筹、病虫害绿色防治、农机农艺融合等方面，通过试验、示范形成油菜绿色高质高效集成技术模式一两套，加快油菜花观光旅游开发，同时加强菜、油两用与菜、肥、油三用等多用途宣传开发，提高农业资源的利用效率和农民收入。创建30个油菜百亩攻关田和10个油菜千亩示范方（每个示范方含一个300亩核心攻关田），辐射带动7万亩以上；力争实现亩产200千克的创建目标；示范片单位面积化肥与农药用量低于当地平均水平，病虫害绿色防控全覆盖，危害损失率控制在5%以内，带动亩均节本增效5%以上。

二、任务指标

（一）项目建设指标

在全县油菜种植面积较大、土壤肥力中等以上、农田基础设施较完善和机械化生产条件较好的镇建立油菜绿色高产高效行动千亩示范方（每个示范方核心区面积不少于300亩）10个和百亩示范田30个。

（二）项目重点研究任务

（1）通过品种试验示范，筛选出适宜某县种植的油菜优质高效新品种。

（2）通过施用油菜新型控缓释专用肥（25-7-8），适时开展农业防治、物理防治、生物防治等绿色防控模式，运用新型植保药械和植保无人机。科学、合理、安全使用农药，有效控制油菜病虫害，确保生产安全、农产品质量安全和农业生态环境安全，探索绿色防控与专业化统防统治相结合的技术模式，解决长期以来农户普遍存在的油菜播期偏迟、封闭除草不及时和除草剂药害等问题。

(3)通过应用油菜飞播和种肥同播等技术破解油菜机械化生产难题，逐步实现农机农艺融合发展。

(三)技术集成创新

将品种选择、整地、播种、追肥、化学除草及病害防治全过程生产技术集成应用，总结出一套可推广、可复制、机械化应用程度高、适应油菜生产新形势的绿色高质高效生产技术模式。

(四)示范推广

2021年，全县共创建百亩稻茬直播油菜示范点5个、冬种油菜示范片18个，安排布置油菜除草剂试验1组。2022年，在全县范围内共建立了30个油菜百亩攻关田和10个油菜千亩示范方，安排油菜三新技术试验示范7项。2023年，拟在全县继续遴选30个油菜百亩攻关田和10个油菜千亩示范方，并有针对性地开展一系列的生产性试验，为县油菜生产新品种、新技术宣传、推广应用奠定坚实基础。

(五)项目经济技术指标

(1)产量指标。2023年油菜绿色高质高效示范田力争亩产200千克以上，高产攻关田亩产220千克以上。

(2)效益指标。核心示范区油菜亩均纯效益400元以上，辐射区油菜亩均纯效益300元以上。

(3)关键技术推广应用指标。围绕油菜提质增效和节本增效，集成优良品种、缓(控)释肥、绿色防控、免耕密植直播、无人机飞播等新品种新技术新装备，打造油菜绿色高产高效示范样板，努力实现化肥和农药使用量负增长。

(4)经营主体培育。在全县培育油菜生产示范主体40个以上。

(5)社会化服务组织及服务能力。培育社会化服务组织20个以上，全面开展飞播、种肥同播、机防、机施、机收等社会化服务作业，服务面积1.3万亩以上，服务农户数量40个以上。

三、技术路线

(一)项目研究示范

以绿色发展为导向,以促进油料增产和农民增收为目标,突出主导品种、兼顾苗头性品种,突出主推技术、兼顾引领性技术;重点支持油菜绿色高产高效示范,突出油菜生产关键环节,坚持小面积高产攻关和大面积均衡增产相结合;示范推广一批高产优质抗逆品种,集成推广一批高质高效技术,推动农机农艺融合、良种良法配套,带动大面积均衡增产和效益提升,推动油菜产业高质量发展。

综合选用优质高效油菜品种,施用油菜专用控释肥,应用病虫草害绿色防控、节水栽培等技术,结合本地区现状集成一套油菜绿色高质高效技术模式。

(二)技术模式

1)品种选择

宜选择“双低”、高产、高含油量、抗病、耐寒、抗倒、耐裂荚、适宜机械化收获的品种,如沣油737、豪油杂58、宁R101、陕油28、徽豪油12等。

2)大田管理

(1)精细整地。直播油菜根系入土较移栽油菜深,根群多集中于20~30厘米的耕层中,主根入土更深。为保证根系发育,使其向土壤深层发展,在水稻收获后应及时深耕,一般要求在20厘米以上。对于稻草还田的田块,要在翻耕之前将田间稻草匀开,防止翻耕困难。如果是旋耕,一定要深耕、耙透、耙匀、耙碎,埋草覆盖率95%以上。耕后开沟做畦,做到“畦沟、腰沟、围沟”沟沟相通,方便排灌。同时,结合耕整施足基肥,亩用40%油菜专用配方肥(25-7-8)45~50千克或45%复合肥30~40千克+硼砂500克,全层均匀施入土中。

(2)适期播种。直播油菜适宜的播种期一般在9月下旬至10月上旬,10月15日前播种结束。亩播种量一般200~300克。最好采用机条播方式,条播行距一致,便于间苗、中耕等田间管理。人工撒播的,可加细土混合播种,便于控制播种量,保证匀播。播后如遇干旱天气,须进行沟灌，润湿土壤，力争一播全苗。

(3)合理密植。直播油菜应及时间苗、定苗，这是保证增产的一项关键技术措施。油菜在真叶放出后就要开始间苗，早间苗比晚间苗的长势好。油菜间苗一般分2次进行，出苗至第一片真叶时梳理堆子苗，3叶期定苗。10月初或之前播种的，亩留苗1.5万～2万株，迟播的亩留苗4万株左右。

(4)科学追肥。基肥施用专用配方肥的田块，春季视苗情在蕾薹期追施尿素2.5～5千克；基肥施用复合肥的田块，在12月中下旬施肥，以有机肥为主，一般每亩浇施人畜粪1 000千克左右，缺乏有机肥的农户，可每亩撒施45%复合肥10～12.5千克，2月上中旬施蕾薹肥，每亩施尿素10～12.5千克加氯化钾2.5～3.75千克(基肥未施硼肥的田块要在油菜初花期结合菌核病防治追施硼砂500克)。

3)病虫草害防治

(1)化学除草。直播油菜茎秆细弱，被杂草缠绕后容易倒伏，造成收获困难，因此要做好油菜田杂草封闭及茎叶处理工作。一是芽前处理。为防止田间长出杂草，可进行土壤封闭处理。在油菜播种1～2天后，亩用96%精异丙甲草胺60毫升或72%异丙甲草胺80～100毫升，兑水30千克均匀喷雾。施药时土壤湿度要大，如土壤干燥，则应先浇(灌)水、后喷药，或在小雨过后喷施。二是茎叶处理。直播油菜出苗后，对田间已萌发杂草，可用下述方法去除：以禾本科杂草为主的，在杂草3～5叶期，亩用10.8%高效氟吡甲禾灵40～50毫升或10.8%精喹禾灵60毫升或24%烯草酮40～60毫升，兑水30千克喷雾；以阔叶杂草为主的，在油菜6叶期后，杂草2叶或3叶期，可用30%草除灵50毫升+30%氨氯·二氯吡50毫升，兑水30千克喷雾；禾本科与阔叶杂草混合发生的，可在杂草3～5叶期，油菜6叶期至抽薹前将上述禾、阔药剂混配施用。

(2)菌核病防治。直播油菜密度大，抽薹开花后生长郁闭，通风透光条件差，因此春后要重点做好菌核病的防治。在主茎开花株率达95%时，亩用50%腐霉利80克或40%菌核净100克，兑水30千克喷施油菜植株中下部,7天后酌情补施1次。

4)注意事项

(1)科学安排全年种植计划。油菜直播要求在10月15日以前播种结束,所以前茬水稻品种必须为中早熟品种。

(2)做好水稻秸秆处理。收获水稻时要将水稻秸秆切碎,长度在10厘米以内,切碎后在田间匀开,便于翻耕。

(3)施用硼肥。油菜对硼敏感,一定要施用硼肥,并且作为基肥施用,以提高肥效。

(4)适时机收。直播油菜个体偏小,成熟期相对较为一致,当籽粒发黑、变硬,成熟率达90%时,要适时收获,防止过熟造成产量损失。

(三)组织方式

1. 为便于项目实施,实现项目目标,技术攻关区、核心示范区建设均依托专业大户、家庭农场、农民合作社、社会化服务组织等新型农业经营主体来开展工作。

2. 各技术攻关区、核心示范区安排专业技术人员驻点,成立县级专家组巡回指导,关键季节组织技术培训、现场观摩和经验交流。

四、实施进度

2023年5月底:提前谋划,广泛宣传,对有意向的新型经营主体安排好杂交稻茬口,为下半年油菜绿色高产高效项目实施做好准备。

2023年6月:制订项目实施方案并上报省农业农村厅、省财政备案,成立项目领导组和技术专家组,组建技术团队。

2023年7月至9月:县农业农村局通过政府网站发布申报公告,各镇组织实施主体进行项目申报,县农业农村局组织专家评审,确定实施主体名单。制订培训计划,印刷技术资料,组织技术培训。选择"三新"试验示范地点,指导督促各实施主体将各类农资购买到位,并进行技术培训。

2023年10月至11月:适时播种,指导苗期管理。11月15日前各镇报送阶段性总结,对主要做法、取得成效、存在问题、工作建议和下一步工作安排等情况进行分析,形成报告报送至市农技推广中心。

2023年12月至2024年2月:继续指导田间管理,组织落实"一促四防"技术。

2024年3月至5月:适时开展示范片观摩及测产验收。

2024年6月:进行项目资料整理、分析,完成有关总结材料。

五、资金支撑

(1)耕地轮作试点项目。2023年省级财政资金330万元,重点用于建立冬闲田扩种油菜示范片。

(2)社会化服务项目。2023年项目资金约400万元,重点用于农作物病虫害机械化植保(自走式喷杆喷雾机、植保无人机)和农作物秸秆捡拾打捆离田补助等方面。

(3)高标准农田项目。2023年投入2.875亿元用于建设高标准农田11.5万亩,用于建设农田机耕路、生产路,用于土地平整、有机肥应用、绿肥还田等,以提升粮食生产能力,提高单位产能。

六、保障措施

(1)强化组织领导。成立由政府主要负责同志任组长的项目领导小组和农技推广部门相关专家组成的技术指导小组,每个示范片明确行政负责人和技术负责人,负责示范片创建各项具体工作的落实,强化创建工作的协调指挥和技术服务,确保项目顺利实施。

(2)加强指导服务。县农技推广部门技术指导组要加强对各镇油菜绿色高产高效行动示范田的指导服务。在关键农时季节,组织农技人员、技术专家和新型经营主体等各类人员开展现场观摩培训,巡回指导,切实发挥示范田的辐射带动作用,确保关键技术入户到田。同时,积极做好市场价格、供需形势、销售渠道等相关信息服务,引导农民合理安排生产,促进产销衔接。

(3)强化项目管理。一是加强跟踪调度。及时掌握实施进展,适时组织调研指导,确保各项工作有力有序推进。二是建立工作档案。明确专人负责,及时将行动方案、考核、总结等文档和照片资料归档立案,装订成册，按时完成数据库管理和信息录入。三是竖立规范标牌。及时更新并规范示范标牌，明确作物、目标、技术模式、行政及技术负责人等信息，以便宣传示范和监督检查。市财政局切实加强项目资金使用监管，严格按资金使用范围进行使用，严禁挪用和超范围支出，做到专款专用。

(4)强化宣传引导。积极凝练实施过程中的好做法、好经验、好典型、好成果，强化主流媒体宣传报道。及时组织现场观摩，加强交流，充分发挥示范引领作用。通过绿色高产高效行动项目典型示范与宣传，展示创建实施成效和工作成果，引导政府、部门、农技人员、新型经营主体、企业、媒体等共同关注油菜绿色高产高效行动项目，宣传创建成果，扩大社会影响。

七、审核意见

县(市、区)农业农村部门意见：

负责人(签字)：
单位(公章)：
20　　年　　月　　日

市农业农村部门意见：

负责人(签字)：
单位(公章)：
20　　年　　月　　日

省农业农村部门意见：

负责人(签字)：
单位(公章)：
20　　年　　月　　日

案例二：某县2023年油菜绿色高产高效行动项目实施方案

根据农业农村部办公厅《关于开展2023年全国绿色高产高效行动促进粮油等主要作物大面积单产提升的通知》、某省农业农村厅《关于印发2023年绿色高产高效行动实施方案的通知》和某省财政厅《关于下达2023年中央财政粮油生产保障资金预算的通知》等文件要求，结合地区实际，制订本方案。

1.总体思路

以绿色发展为导向，以促进油料增产和农民增收为目标，结合实施“两强一增”行动和新一轮千亿斤粮食产能提升行动，组织开展油菜绿色高产高效行动，选择一批粮油生产重点镇推进，创建一批百亩田、千亩方，培育一批新型经营主体，突破关键技术瓶颈，集成组装推广区域性、标准化高产高效种植技术模式，提升节本增效水平，示范带动大面积均衡增产和效益提升，全方位夯实油菜产业发展根基。

2.行动目标

在全县打造20个油菜百亩示范田和5个油菜千亩示范方，辐射带动5万亩以上，力争实现亩产200千克的创建目标，全面完成省农业农村厅下达的约束性指标任务。

3.创建内容

(1)加强主导品种推广。突出主导品种的稳产增产作用，重点推广邡油777、宁R101、陕油28、徽豪油12、德徽油88、沣油737等适合稻油模式生产的双低、优质、高产油菜品种。

(2)加快主推技术应用。围绕油菜提质增效和节本增效，集成优良品种、缓(控)释肥、绿色防控、免耕密植直播、无人机飞播等新品种新技术，打造油菜绿色高产高效示范样板，竖立项目标牌，提高显示度，接受社会监督。

(3)突出抓实关键环节。一是冬季追肥，在越冬期和蕾薹期，对弱苗、脱肥田块追施尿素、有机水溶肥等肥料，促进油菜生长，确保壮苗越冬;对旺长苗，叶面喷施多效唑或烯效唑控旺，防止早薹早花。二是花期喷药，在春季病虫防控关键期，利用无人机叶面喷施异菌·氟啶胺、腐霉利、菌核净、醚菌·啶酰菌等高效低毒杀菌剂防治菌核病，同时加喷速溶硼肥、磷酸二氢钾等，实现“一促四防”。

(4)加强技术指导服务。成立技术指导组，结合本地实际，科学制定技术指导意见。在示范区内，大力推行统一良种供应、统一肥水管理、统一病虫防控、统一技术指导、统一机械作业等社会化服务，提高组织化程度和集约化水平，发挥辐射带动作用。在关键季节、关键环节，及时组织开展技术实训、现场观摩，指导示范区农户、新型经营主体掌握技术要领，做好肥、药使用等技术服务，落实防灾减灾技术措施，确保关键技术入户到田。

4.资金支持

本项目资金来源见某省财政厅《关于下达2023年中央财政粮油生产保障资金预算的通知》文件。

5.实施内容

根据省财政下达的粮油生产保障资金预算文件，油菜绿色高产高效行动实施资金共计260万元，主要用于示范区内物化投入补助、社会化服务补助、“三新”试验示范补助和技术指导服务补助等四个方面，具体分配如下：

1)物化补贴(210万元)

主要用于补助承担实施本项目的新型农业经营主体购买种子、油菜专用肥、杀菌剂、生物农药和叶面肥等物化投入。具体如下：

(1)在全县建立百亩示范田20个(60万元)。补助对象：承担百亩示范田创建任务的新型农业经营主体。补助方式：采取达标后补的方式进行补助，油菜单产在200千克/亩及以上的，享受全额补助资金；单产水平不足200千克/亩的，以200千克/亩的单产水平为基准折算最终补助金额(例如：单产水平为190千克/亩，最终补助金额=190/200×3万=2.85万元)。补助标准：最高不超过3万元/个。具体建设要求如下：①示范片交通便利、田块平整，且集中连片面积在100亩以上(以第三方测绘面积为准);②开展封闭除草作业;③推广应用油菜专用肥50亩以上;④油菜单产不低于200千克/亩;⑤每个示范片竖立一个标牌,尺寸根据实际情况安排。

(2)在全县建立千亩示范方5个(150万元)。补助对象:承担千亩示范方创建任务的新型农业经营主体。补助方式:采取达标后补的方式进行补助,油菜单产在200千克/亩及以上的,享受全额补助资金;单产水平不足200千克/亩的,以200千克/亩的单产水平为基准折算最终补助金额(例如:单产水平为190千克/亩,最终补助金额=190/200×30万=28.5万元)。补助标准:最高不超过30万元/个(不得与百亩示范片重叠重复享受)。具体要求如下:①示范方交通便利、田块平整,且相对集中连片面积在1 000亩以上;②开展封闭除草作业;③推广应用油菜专用肥300亩以上;④油菜单产不低于200千克/亩;⑤每个示范片竖立一个标牌,标牌尺寸为6米×3.5米,彩喷、铁架。

2)千亩方社会化服务补助(30万元)

主要用于补助开展机收环节社会化服务作业。补助对象:承担千亩示范方创建任务的新型农业经营主体。补助标准:40元/亩(需提供社会化服务协议及GPS作业记录,作业记录必须通过县农机管理服务中心审核),补助面积7 000亩以上。

3)"三新"试验示范(6万元)

安排油菜品种展示和油菜品种筛选试验各1组,资金主要用于物化补贴、机械作业、减产补偿、劳务用工和标牌制作等方面。

4)技术推广指导服务补助(14万元)

(1)技术培训、宣传推广及示范观摩费(5万元)。主要包括工作餐、场地费、讲课费、培训资料费和交通费等。

(2)项目管理、考核验收等工作经费(3万元)。主要用于支付专家劳务费、项目验收和项目审计等相关费用。

(3)省级高产竞赛奖补(6万元)。以上项目实施主体获得县推荐参加省级高产竞赛对象的补助2万元/个(全县范围内共推荐3个,推荐名单由县农业农村局组织专家综合各示范片长势情况最终评定）。

注：上述单项补助资金总额可根据实际实施情况进行余缺调剂，到资金用完为止。

6.项目申报及验收

（1）项目申报。符合申报条件的申报单位，可向示范片所在镇人民政府提出申请，由镇政府向县农业农村局申报，并于8月15日前上报某县2023年油菜绿色高产高效行动项目申报文本至县农业农村局农技推广中心农技站，逾期不予补报。

（2）主体遴选。镇政府负责对本镇建设主体所报材料的真实性进行初审、评估，符合条件的向县农业农村局申报。县农业农村局对示范片申报材料进行审查，并组织专家组开展评审，评审结果在市农业农村局网站进行公示，备案立项。

（3）项目实施。各示范区所在镇结合本镇实际，指导本镇实施主体确定当地主推技术、创建规模、创建目标等内容（千亩方由县农技推广中心和实施镇农服中心共同指导），并组织实施。

（4）项目验收。项目完成后，实施主体收集、整理好购买农资所需税务发票、社会化服务协议、社会化服务作业记录（农机作业监测系统中导出的GPS作业记录）和第三方面积测绘报告等相关材料，向所在镇政府和县农业农村局提出验收申请。百亩示范田由各镇政府自行组织专家验收，验收后将验收结果及相关材料报县农业农村局备案；千亩示范方由县农业农村局组织相关专家开展验收。验收结果进行为期7天的公示，公示无异议后，兑现补助资金，资金直接发放给实施主体。

第八章 农业政策与法规概述

农业技术推广人员要深入学习，弄懂农业政策与法规，在现有的农业政策与法规下开展工作，特别是农业推广政策与法规更要强化学习、宣传与落实。

第一节 农业政策

一 农业政策概念

农业政策是根据一定原则，在特定时期内为实现农业发展目标而制定的具有激励和约束作用的行动准则。其包括农业发展目标与任务设定，指导农业工作的策略、意见与实施办法等。如农业产业发展政策、农业技术推广政策、农业人才培育政策、农业企业扶持政策、农业社会化服务政策等。

二 农业政策的实施

1.农业政策实施的概念

农业政策实施，又称农业政策执行，是指农业政策制定出来后，把政策规定的内容转变为现实行动的过程。

2.农业政策实施的影响因素

(1)政策方案本身。好的政策是政策顺利实施的基本前提。

(2)政策实施所必需的条件。必要的人力、财力、物力和相应的组织机构,是政策实施的物质保证和组织保证。

(3)政策实施者的水平。政策实施人员要有较高的政策水平、较强的业务能力。

(4)与农民的利益关系。保护农民的利益,是我国农业政策的一个基本出发点。

3.农业政策实施的基本环节

(1)制定政策实施细则。

(2)制订实施行动方案。

(3)进行政策宣传。

(4)全面实施政策方案。

4.农业政策实施的主要原则

农业政策的实施过程,就是把政策本身与具体实际相结合的过程。在这个过程中,应遵循以下主要原则。

(1)原则性与灵活性相结合。

(2)执行与创造相结合。

(3)领导与群众相结合。

第二节　农业法规

一　农业法规概念

农业法规可以理解为国家有关权力机关和行政部门制定或颁布的各种有关农业发展的规范性文件,包括法律、条例、规章等多种表现形式。

按颁布单位可分为全国性农业法规和地方性农业法规。

按相互之间的关系与所起的作用可分为主导性农业法规和辅助性农业法规。

按内容可分为一般性农业法规和特殊性农业法规。

二 农业行政执法

按照行政执法行为的方式,农业行政执法可以分为行政检查、行政确认、行政许可、行政处罚和行政强制等,其中行政许可和行政处罚在农业行政执法中具有特殊的地位。

1.行政许可的概念

行政许可是指行政机关根据行政管理相对一方当事人的申请,经审查依法赋予其从事某种行为的权利和资格(也即颁发许可证)的行为。

2.行政许可的程序

行政许可一般包括下列几个程序:

(1)申请的提出。申请人以书面形式提出申请,书面申请要阐明申请许可证的理由,并提供必要的说明材料。

(2)申请的审查。行政机关对申请人提出的申请及其附加材料进行审核,检查是否符合法定条件和资格。

(3)申请的核实。行政机关在书面审查的基础上,对当事人从事该项活动的能力、场地、设备等进行实地核实和查证。

(4)许可证的颁发。行政机关批准当事人申请的,颁发书面形式的许可证。

3.农业行政许可类型

农业法规中规定的行政许可主要有以下几类:

(1)种子管理许可。

(2)农药管理许可。

(3)兽药管理许可。

(4)渔业管理许可。

(5)饲料管理许可。

(6)植物检疫管理许可。

(7)农机管理许可。

4.行政处罚的概念

行政处罚是指主管行政机关对公民、法人和其他组织的行为予以追究行政法律责任的一种行政执法行为。

5.行政处罚的种类

我国现行法律规定的行政处罚有以下几种：

(1)警告。

(2)罚款。

(3)没收所得、没收非法财物。

(4)责令停产。

(5)暂扣或吊销许可证,暂扣或者吊销执照。

(6)行政拘留。

(7)法律、行政法规规定的其他行政处罚。

第三节　农业政策与农业法规部分目录及解读

一 农业政策目录

表8-1　农业政策

序号	政策名称
1	中华农业科教基金会神内基金农技推广奖(推广人员)奖励办法
2	中华农业科教基金会神内基金农技推广奖(农户)奖励办法
3	农业农村部关于印发《全国农牧渔业丰收奖奖励办法》
4	农业农村部等8部门关于印发《乡村工匠“双百双千”培育工程实施方案》的通知
5	农业农村部关于稳妥开展解决承包地细碎化试点工作的指导意见
6	农业农村部 国家发展改革委 财政部 自然资源部关于印发《全国现代设施农业建设规划 (2023—2030年)》的通知

续 表

序号	政策名称
7	农业农村部 工业和信息化部 国家发展改革委 科技部 自然资源部 生态环境部 交通运输部 中国海警局关于加快推进深远海养殖发展的意见
8	农业农村部等11部门关于印发《农村产权流转交易规范化试点工作方案》的通知
9	农业农村部办公厅 市场监管总局办公厅 工业和信息化部办公厅 生态环境部办公厅关于进一步加强农用薄膜监管执法工作的通知
10	农业农村部办公厅关于开展“千员带万社”行动的通知
11	农业农村部等8部门关于印发《关于扩大当前农业农村基础设施建设投资的工作方案》的通知
12	农业农村部办公厅关于印发《农业生产“三品一标”提升行动有关专项实施方案》的通知
13	农业农村部办公厅关于加快推进种业基地现代化建设的指导意见
14	农业农村部办公厅关于扶持国家种业阵型企业发展的通知
15	农业农村部关于促进农业产业化龙头企业做大做强的意见
16	农业农村部关于印发《生猪产能调控实施方案(暂行)》的通知
17	农业农村部 国家发展改革委 财政部 生态环境部 商务部 银保监会关于促进生猪产业持续健康发展的意见
18	中共中央办公厅、国务院办公厅关于推动城乡建设绿色发展的意见
19	农业农村部关于加快发展农业社会化服务的指导意见
20	农业农村部等10部门关于推动脱贫地区特色产业可持续发展的指导意见
21	农业农村部办公厅 财政部办公厅关于印发《2021—2023年农机购置补贴实施指导意见》的通知
22	中共中央 国务院关于全面推进乡村振兴加快农业农村现代化的意见
23	农业农村部关于统筹利用撂荒地促进农业生产发展的指导意见
24	财政部等7部门关于进一步加强惠民惠农财政补贴资金“一卡通”管理的指导意见
25	财政部 农业农村部等7部门有关负责人就《关于进一步加强惠民惠农财政补贴资金“一卡通”管理的指导意见》答记者问
26	国务院办公厅印发《关于促进畜牧业高质量发展的意见》
27	农业农村部办公厅关于国家农业科技创新联盟建设的指导意见
28	农业农村部 国家发展改革委 教育部 科技部 财政部 人力资源和社会保障部 自然资源部 退役军人部 银保监会关于深入实施农村创新创业带头人培育行动的意见
29	农业农村部关于加快畜牧业机械化发展的意见
30	国务院办公厅关于加强农业种质资源保护与利用的意见

续　表

序号	政策名称
31	中央农村工作领导小组办公室等11部门关于实施家庭农场培育计划的指导意见
32	农业农村部办公厅 生态环境部办公厅关于进一步做好受污染耕地安全利用工作的通知
33	国务院办公厅关于防止耕地“非粮化”稳定粮食生产的意见
34	农业农村部关于乡村振兴战略下加强水产技术推广工作的指导意见
35	农业农村部关于支持长江经济带农业农村绿色发展的实施意见

二 农业法规目录

表8-2　农业法规

序号	法规名称
1	中华人民共和国农业技术推广法
2	农作物病虫害防治条例
3	农用薄膜管理办法
4	农药包装废弃物回收处理管理办法
5	农村土地经营权流转管理办法
6	农作物病虫害专业化防治服务管理办法
7	中华人民共和国土地管理法实施条例
8	农业行政处罚程序规定
9	农作物病虫害监测与预报管理办法
10	农业植物品种命名规定
11	主要农作物品种审定办法
12	农作物种子生产经营许可管理办法
13	农村土地承包合同管理办法
14	国家级稻、玉米品种审定标准(2021年修订)
15	生猪屠宰管理条例
16	农药管理条例
17	兽药管理条例
18	中华人民共和国农产品质量安全法

续 表

序号	法规名称
19	中华人民共和国动物防疫法
20	中华人民共和国长江保护法
21	中华人民共和国农业机械化促进法
22	中华人民共和国野生动物保护法
23	中华人民共和国渔业法
24	中华人民共和国农民专业合作社法
25	中华人民共和国种子法
26	中华人民共和国畜牧法

三 农业法规解读摘录

1.《中华人民共和国农业技术推广法》解读

1993年7月2日第八届全国人大常委会第二次会议通过《中华人民共和国农业技术推广法》;2012年8月31日第十一届全国人大常委会第二十八次会议与2024年4月26日第十四届全国人大常委会第九次会议，两次对《中华人民共和国农业技术推广法》进行了修正。

农业技术推广是指通过试验、示范、培训、指导以及咨询服务等，把应用于种植业、林业、畜牧业、渔业的科技成果和实用技术普及应用于农业生产的产前、产中、产后全过程的活动。

应当遵循的原则:有利于农业的发展;尊重农业劳动者的意愿;因地制宜，经过试验、示范;国家、农村集体经济组织扶持;实行科研单位、有关学校、推广机构与群众科技组织、科研人员、农业劳动者相结合;讲求农业生产的经济效益、社会效益和生态效益。

应用范围:应用于种植业、林业、畜牧业、渔业的科研成果和实用技术，包括良种繁育、肥料施用、病虫害防治、栽培和养殖技术，农副产品加工、保鲜、贮运技术，农业机械技术和农用航空技术，农田水利、土壤改良与水土保持技术，农村供水、农村能源利用和农业环境保护技术，农业气象技术以及农业经营管理技术等。

1)修改后推广法的基本框架

修改后的法律共6章39条,与原法比:专门增加“法律责任”一章;增加条款10个,其中,纯新增条款9条(12、13、25、26、27、32、34、35、38),调整增加3条(16、36、37);修改24条;没有修改的有3条(原法6、原法8、现法39)。

2)七个方面的突破

一是明确了国家农技推广机构的定性和定位。将国家农技推广机构定性为公共服务机构,规定国家农技推广机构的基本定位是履行7项公益性推广职责,解决了长期制约国家农技推广机构发展的公益性与经营性不清问题。

二是首次提出乡镇国家农技推广机构可以实行县级农业技术推广部门管理为主或者乡镇人民政府管理为主、县级农业技术推广部门业务指导的体制,具体由省、自治区、直辖市人民政府确定。

三是首次对国家农技推广机构的人员编制核定及岗位设置提出明确要求。规定国家农技推广机构的人员编制应当根据所服务区域的种养规模、服务范围和工作任务等合理确定。国家农技推广机构的岗位设置应当以专业技术岗位为主,乡镇国家农技推广机构的岗位应当全部为专业技术岗位。

四是强化了农业技术推广经费保障。规定国家逐步提高对农业技术推广的投入。各级人民政府在财政预算内应当保障用于农业技术推广的资金,并按规定使该资金逐年增长,规定县、乡镇国家农技推广机构的工作经费根据当地服务规模和绩效确定,由各级财政共同承担。规定各级人民政府应当采取措施,保障国家农技推广机构获得必需的试验示范场所、办公场所、推广和培训设施设备等工作条件。

五是对国家农技推广机构的考核考评提出明确要求。规定建立国家农技推广机构的专业技术人员工作责任制度和考评制度,明确不同管理方式下乡镇国家农技推广机构的考评机制。

六是规定国家鼓励和支持村农业技术服务站点和农民技术人员开

展农业技术推广。对农民技术人员协助开展公益性农业技术推广活动，按照规定给予补助。

七是专门增加“法律责任”一章，共有5个条款，明确农业技术推广的有关法律责任。

3）相关条款解读

（1）农业技术推广法立法的目的。第一条规定：为了加强农业技术推广工作，促使农业科研成果和实用技术尽快应用于农业生产，增强科技支撑保障能力，促进农业和农村经济发展，制定本法。

（2）农业技术的法律定义和农业技术推广的定义。第二条规定：本法所称农业技术，是指应用于种植业、林业、畜牧业、渔业的科研成果和实用技术，包括：

良种繁育、栽培、肥料施用和养殖技术；

植物病虫害、动物疫病和其他有害生物防治技术；

农产品收获、加工、储藏、运输技术；

农业投入品安全使用、农产品质量安全检验检测技术；

农田水利、农村供排水、土壤改良与水土保持技术；

农业机械化、农用航空、农业气象和农业信息技术；

农业防灾减灾、农业资源与环境保护和农村能源开发利用技术；

其他农业新技术。

本法所称农业技术推广，是指通过试验、示范、培训、指导以及咨询服务等，把农业技术普及应用于农业产前、产中、产后全过程的活动。

（3）国家农技推广机构的性质和职责。第十一条规定：各级国家农业技术推广机构属于公共服务机构，履行下列公益性职责：

各级人民政府确定的关键农业技术的引进、试验、示范；

植物病虫害、动物疫病及农业灾害的监测、预报和预防；

农产品生产过程中的检验、检测、监测咨询技术服务；

农业资源、森林资源、农业生态安全和农业投入品使用的监测服务；

水资源管理、防汛抗旱和农田水利建设技术服务；

农业公共信息和农业技术宣传教育、培训服务；

法律、法规规定的其他职责。

第二十四条规定：各级国家农业技术推广机构应当认真履行本法第十一条规定的公益性职责，向农业劳动者和农业生产经营组织推广农业技术，实行无偿服务。

(4)国家农技推广机构人员编制核定和岗位设置。第十三条规定：国家农业技术推广机构的岗位设置应当以专业技术岗位为主。乡镇国家农业技术推广机构的岗位应当全部为专业技术岗位，县级国家农业技术推广机构的专业技术岗位不得低于机构岗位总量的百分之八十，其他国家农业技术推广机构的专业技术岗位不得低于机构岗位总量的百分之七十。

(5)农技推广的财政保障。第二十八条做了详细规定。

一是要求建立农业技术推广资金稳定增长机制。二是要求保障农业技术推广专项资金，设立农业技术推广项目。突出变化是增加中央财政对重大农业技术推广必须给予补助的内容。三是要求保障基层推广机构工作经费。

(6)对基层农技推广的考评考核。第三十二条规定：县级以上农业技术推广部门、乡镇人民政府应当对其管理的国家农业技术推广机构履行公益性职责的情况进行监督、考评等。概括而言，一是加强对国家农技推广机构履行职能管理，二是建立农技人员责任制度，三是建立考评制度。

(7)关于法律责任问题。一是职能部门法律责任。第三十四条规定：各级人民政府有关部门及其工作人员未依照本法规定履行职责的，对直接负责的主管人员和其他直接责任人员依法给予处分。

二是农业技术推广机构及其工作人员法律责任。第三十五条规定：国家农业技术推广机构及其工作人员未依照本法规定履行职责的，由主管机关责令限期改正、通报批评；对直接负责的主管人员和其他直接责任人员依法给予处分。

三是其他推广组织的责任。第三十六条和第三十七条规定:违反本法规定,向农业劳动者、农业生产经营组织推广未经试验证明具有先进性、适用性或者安全性的农业技术,造成损失的,应当承担赔偿责任。违反本法规定,强迫农业劳动者、农业生产经营组织应用农业技术,造成损失的,依法承担赔偿责任。

四是截留或者挪用农业技术推广资金的责任。第三十八条规定:违反本法规定,截留或者挪用用于农业技术推广资金的,对直接负责的主管人员和其他直接责任人员依法给予处分;构成犯罪的,依法追究刑事责任。

4)2024年新修订的条款

(一)将第九条中的"国务院农业、林业、水利等部门"修改为"国务院农业农村、林业草原、水利等部门",删去其中的"同级人民政府科学技术部门对农业技术推广工作进行指导"。

(二)将第十九条中的"会同科学技术等相关部门"修改为"会同相关部门"。

(三)将第二十三条第二款中的"教育、人力资源和社会保障、农业、林业、水利、科学技术等部门"修改为"教育、人力资源和社会保障、农业农村、林业草原、水利、科学技术等部门"。

2.国家农作物品种审定委员会负责人就《国家级稻、玉米品种审定标准(2021年修订)》答记者问

(1)为什么要修订国家级稻、玉米品种审定标准?

答:根据2015年修订实施的《中华人民共和国种子法》,《主要农作物品种审定办法》于2016年进行了修订,拓宽试验渠道、缩短试验年限、实施引种备案,从根本上解决了品种参试难、审定难,以及部分作物品种试验存在的"跑点"问题。2017年以来,国家和省级品种审定委员会陆续修改了主要农作物品种审定标准,细化了优质、绿色和专用等类型品种指标,适当放宽了产量指标。4年来,创新主体活力有效激发,品种数量迅速增加,品种类型丰富多样,品种审定工作取得明显成效。"十三五"期间,全国审定主要农作物品种1.68万个,其中稻和玉米占83%。稻、玉米品种迅速增加，在解决了市场“缺品种”问题的同时，品种原始创新能力不强、审定准入门槛偏低、同质化品种多等新问题也日趋突出。考虑到稻、玉米品种在审定品种数量中占比大，行业反映强烈，所以先行修订国家稻、玉米品种审定标准，适当提高审定门槛，引导培育突破性品种，强化种业知识产权保护。

（2）此次标准修订的核心内容是什么？

答：国家级稻、玉米品种审定标准重点针对三个方面的内容进行了修订。一是明确品种DNA指纹差异要求。将稻、玉米审定品种与已审定品种DNA指纹检测差异位点数由2个分别提高至4个、3个；如果拟审定的稻或玉米品种与已审定品种DNA指纹检测差异位点数只有2个或3个，须通过田间种植鉴定证明其与已审定类似品种具有重要农艺性状差异。二是提高品种产量要求。玉米水稻高产稳产品种、水稻绿色优质品种，产量指标整体提高2个百分点。明确玉米绿色优质品种、鲜食、青贮等专用特用品种产量指标，比同类型对照品种增产3%以上。三是提高抗病性要求。增加主要生态区一票否决病害类型和病虫害鉴定内容，提高已有病害抗性要求。此外，还修订了鲜食玉米、青贮玉米、高淀粉玉米等特殊类型品种品质指标。

（3）新标准自2021年10月1日起实施，在这之前正在开展试验的品种是按照新标准还是按照老标准审定？

答：应按照新标准进行审定。2020年底，第四届国家农作物品种审定委员会第六次主任会议决定启动主要农作物审定标准修订工作，严肃认真把好品种审定关，下决心解决品种多且同质化严重问题。国家农作物品种审定委员会办公室立即组织各专业委员会按照“适度从严”原则，开始修订稻、玉米品种等审定标准。在修订过程中多次召开座谈会，并进行了广泛调研，听取了行业各方的意见，对重点修改内容均达成共识，在此基础上形成了征求意见稿。2021年7月6日，国家农作物品种审定委员会办公室正式向社会公开征求意见，其中提出新标准拟于2021年10月1日起实施。在公开征求意见期间，未收到对新标准正式实施时间的意见反馈。因此，新标准按计划于2021年10月1日起全面实施，在这之前未提交专业委员会初审的所有参试品种，均适用新标准。

（4）新标准对DNA指纹检测差异位点数做了调整，这对今后种子市场监管有什么影响？

答：市场监管和新标准对DNA指纹检测差异位点数的规定，判定事项不同，两者之间相互衔接统一。在市场监管中，某个品种在市场销售时，要求其种子与标准样品的DNA指纹检测差异位点数应小于2个。新标准中的DNA指纹检测差异位点数，界定的是新品种与已知审定品种的差异大小，同时也规定同一品种在不同试验年份、不同试验组别、不同试验渠道中DNA指纹检测差异位点数应当小于2个，这与市场监管中使用的判定标准也是相一致的。

（5）国家级小麦、大豆、棉花品种审定标准是否会修订？

答：根据产业发展和品种创新的需要，我们将在充分调查研究和听取各方面意见基础上，适时修订国家级小麦、大豆、棉花品种审定标准。

（6）2021年对加强种业知识产权保护工作还有哪些部署？新标准对种业知识产权保护有什么意义？

答：近年来，我国种业市场持续优化，劣种子问题基本解决，但套牌侵权、实质性相似仿种子问题凸显。农业农村部坚持把保护种业知识产权摆在重要位置，2021年以来，既立足解决当前突出问题，又力求破解打基础、利长远的体制机制障碍，积极推进立法、司法、执法及技术标准等四个层面的工作，加强知识产权保护，激励原始创新。一是推动《种子法》修订，建立实质性派生品种制度，延长保护链条，加大赔偿力度。二是农业农村部与最高人民法院就加强种业知识产权保护签署合作备忘录，配合最高人民法院研究出台关于审理侵害植物新品种权纠纷案件具体应用法律问题的司法解释，强化司法保护。三是提高国家级水稻、玉米审定标准，严管品种试验，开展登记品种清理，切实解决品种同质化问题。四是开展为期3年的“全国种业监管执法年”活动，启动为期半年的种业知识产权保护专项整治行动，多向发力，力求实效，提振信心。从这个意义上讲，这次标准的修订着眼于解决品种同质化问题，在品种产量、抗性、DNA指纹位点差异数上提高了相应的技术要求，有利于激励原始创新，提升品种选育水平，是加强种业知识产权保护的一项重要内容。

附 录

附录一：安徽省乡村振兴人才职称评审实施办法

（2023年6月13日）

第一章 总则

第一条 为深入贯彻党的二十大和习近平总书记关于推动乡村人才振兴的重要指示精神，全面落实省委、省政府加快建设农业强省、全面推进乡村振兴工作会议和《中共安徽省委办公厅 安徽省人民政府办公厅关于加快推进乡村人才振兴的实施意见》（皖办发〔2021〕26号）等有关精神，进一步激发人才活力更好服务乡村振兴，推进人才链和产业链深度融合，结合安徽省乡村振兴工作的实际，制定本实施办法。

第二条 乡村振兴人才职称评审主要面向长期扎根基层、从事适度规模生产经营的高素质农民、家庭农场生产经营者、农村集体经济组织和新型企业经营主体人员、农业社会化服务组织人员、农村手工艺者、民间艺人、技术能手、在乡返乡下乡回乡创新创业带头人、电商营销人员及其他涉农乡村人才。

第三条 乡村振兴人才职称设置11个专业，即：乡村振兴农经专业、乡村振兴农艺专业、乡村振兴农技专业、乡村振兴农林专业、乡村振兴农建专业、乡村振兴工艺专业、乡村振兴兽医专业、乡村振兴畜牧专业、乡村振兴水产专业、乡村振兴电商营销专业、乡村振兴农机化专业。

第四条 乡村振兴人才职称设置为初级、中级、高级三个层级。各专业三个层级职称名称分别为：

（一）乡村振兴农经专业：乡村振兴初级农经师、乡村振兴农经师、乡村振兴高级农经师。

（二）乡村振兴农艺专业：乡村振兴初级农艺师、乡村振兴农艺师、乡村振兴高级农艺师。

（三）乡村振兴农技专业：乡村振兴初级农技师、乡村振兴农技师、乡村振兴高级农技师。

（四）乡村振兴农林专业：乡村振兴初级农林师、乡村振兴农林师、乡村振兴高级农林师。

（五）乡村振兴农建专业：乡村振兴初级农建师、乡村振兴农建师、乡村振兴高级农建师。

（六）乡村振兴工艺专业：乡村振兴初级工艺师、乡村振兴工艺师、乡村振兴高级工艺师。

（七）乡村振兴兽医专业：乡村振兴初级兽医师、乡村振兴兽医师、乡村振兴高级兽医师。

（八）乡村振兴畜牧专业：乡村振兴初级畜牧师、乡村振兴畜牧师、乡村振兴高级畜牧师。

（九）乡村振兴水产专业：乡村振兴初级水产师、乡村振兴水产师、乡村振兴高级水产师。

（十）乡村振兴电商营销专业：乡村振兴初级电商营销师、乡村振兴电商营销师、乡村振兴高级电商营销师。

（十一）乡村振兴农机化专业：乡村振兴初级农机化师、乡村振兴农机化师、乡村振兴高级农机化师。

第五条 申报乡村振兴人才职称评审人员须遵守国家法律法规，政治立场坚定，具有良好的职业道德和敬业精神，在乡村群众中有良好声誉。

第六条 乡村振兴人才职称评审不唯学历、不唯资历、不唯年龄、不唯奖项、不唯论文，凡是扎根乡村、振兴农业的人才，符合条件的均可申报。

第七条 下列人员不得申报乡村振兴人才职称评审：

（一）在职公务员、参照公务员管理及事业单位人员；

（二）违背乡规民约、公序良俗，在社会上产生不良影响的人员；

（三）伪造资格证书等有关证件材料，以及提供虚假业绩、虚假贡献，剽窃他人业绩成果等弄虚作假行为的人员；

（四）其他不符合职称评审政策规定的人员。

第二章 高级职称评审条件

第八条 申报乡村振兴高级农经师应符合下列条件：

（一）扎根乡村的农业企业、家庭农场、农村集体经济组织、农业社会化服务组织的负责人和农民合作社带头人，农村在乡返乡下乡回乡创新创业的带头人，涉农新业态的乡村人才。

（二）具有较强市场意识和管理水平，接受新理念、新知识能力强，能运用现代的科技、信息等手段服务乡村建设发展，创办一定规模企业或专业经济合作组织等载体平台，带领农民增收致富。为当地乡村振兴事业做出突出贡献，获得市级及以上相关领域重要荣誉奖励，带动就业创业业绩特别突出的乡村人才。

第九条 申报乡村振兴高级农艺师应符合下列条件：

（一）扎根乡村在农产品良种繁育、栽培管理、土肥植保及农产品加工等领域具有技艺技能的乡村人才。

（二）在相关农业生产领域具有较高超的特殊技艺，能够培养传承人，在当地业内具有较高的知名度和影响力，在指导农业生产、带领农民增收致富中起到较好的示范带动作用。获得国家专利或取得省级及以上涉农科技成果奖，产生显著的经济和社会效益，为当地乡村振兴事业做出突出贡献；或获得市级及以上相关领域重要荣誉奖励，业绩特别突出的乡村人才。

第十条 申报乡村振兴高级农技师应符合下列条件：

（一）扎根乡村从事农业技术应用、农村能源发展、技术推广、技术服

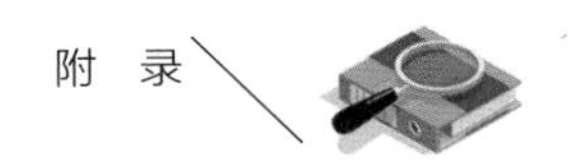

务等相关领域的乡村人才。

（二）实用技术应用水平较高，实践经验丰富，能在已有技术上进行创新，在当地有较高知名度，获得群众较广泛的认可和好评。在相关技术领域具有一技之长，善于吸纳和利用现代科技，解决生产实践中复杂的技术问题，获得国家专利或取得省级及以上涉农科技成果奖，产生显著的经济和社会效益；或为当地乡村振兴事业做出突出贡献，获得市级及以上相关领域重要荣誉奖励，业绩特别突出的乡村人才。

第十一条 申报乡村振兴高级农林师应符合下列条件：

（一）扎根乡村从事乡村造林绿化、种苗花卉、森林培育、森林保护、林下经济及林产品加工等相关领域的乡村人才。

（二）林业生产实用技术应用水平较高，实践经验丰富，能在已有技术上进行创新，在当地有较高知名度，获得群众较广泛的认可和好评。担任一定规模以上涉农涉林企业承办人或技术指导，解决涉农涉林企业技术发展难题；独立或联合带动周边100户以上农民从事林业生产经营活动，取得明显的经济、社会、生态效益。获得国家专利或取得省级及以上涉农涉林科技成果奖，产生显著的经济和社会效益；或为当地乡村振兴事业做出突出贡献，获得市级及以上相关领域重要荣誉奖励，业绩特别突出的乡村人才。

第十二条 申报乡村振兴高级农建师应符合下列条件：

（一）扎根乡村从事乡村规划管理、农田建筑施工、景观园林、房屋棚室建设设计施工（乡村设计师、乡村建设工匠等）等相关领域的乡村人才。

（二）熟练掌握并能够灵活运用建筑设计、建筑施工、乡村规划治理基础理论知识和专业技术知识，熟悉本专业技术标准和规程，了解本专业新技术、新工艺、新设备、新材料的现状和发展趋势，取得有实用价值的技术成果。具有独立承担较复杂工程项目的工作能力，能解决本专业范围内较复杂的工程问题。具有一定的技术研究能力，能够撰写为解决复杂技术问题的研究成果或技术报告。获得市级及以上相关领域重要荣誉奖励,业绩特别突出的乡村人才。

第十三条 申报乡村振兴高级工艺师应符合下列条件:

(一)扎根乡村从事手工业、乡村非物质文化遗产传承人、民间工艺美术从业人员、民间艺人等相关领域的乡村人才。

(二)在乡村工艺美术、民间手工艺、民间演艺领域具有较高超的特殊技艺,能够培养传承人,在当地业内具有较高的知名度和影响力。获得市级非物质文化遗产传承人等市级及以上奖励或称号;或获得市级及以上工艺美术领域重要(人才)奖项;或技能技艺通过国家级认定或国家级社团组织的评价;或获得专利、技术秘密等知识产权保护并转化取得显著经济和社会效益,获得市级及以上相关领域重要荣誉奖励,业绩特别突出的乡村人才。

第十四条 申报乡村振兴高级兽医师应符合下列条件:

(一)扎根乡村从事动物疫病诊疗、防治、检验检疫、动物疫病公共卫生管理以及相关知识宣传普及等相关领域的乡村人才。

(二)动物疫情防控技术应用水平较高,实践经验丰富,能在已有技术上进行创新,在当地有较高知名度,获得群众较广泛的认可和好评。担任一定规模以上畜牧生产企业疫病防治技术指导。善于吸纳和利用动物疫病防治前沿理论技术,解决畜牧生产实践中复杂的技术问题,获得国家专利或取得省级及以上涉农科技成果奖,产生显著的经济和社会效益;或为当地乡村振兴事业做出突出贡献,获得市级及以上相关领域重要荣誉奖励,业绩特别突出的乡村人才。

第十五条 申报乡村振兴高级畜牧师应符合下列条件:

(一)扎根乡村从事动物良种繁育、养殖、加工等相关领域的乡村人才。

(二)动物生产及肉产品加工经营技术应用水平较高,实践经验丰富,能在已有技术上进行创新,在当地有较高知名度,获得群众较广泛的认可和好评。担任一定规模以上畜牧生产企业生产技术指导。解决生产实践中复杂的技术问题,获得国家专利或取得省级及以上涉农科技成果奖，产生显著的经济和社会效益；或为当地乡村振兴事业做出突出贡献，获得市级及以上相关领域重要荣誉奖励，业绩特别突出的乡村人才。

第十六条　申报乡村振兴高级水产师应符合下列条件：

（一）扎根乡村从事水产养殖、良种繁育、水产品加工等相关领域的乡村人才。

（二）水产养殖及水产品加工经营技术应用水平较高，实践经验丰富，能在已有技术上进行创新，在当地有较高知名度，获得群众较广泛的认可和好评。担任一定规模以上水产企业养殖技术指导。解决生产实践中复杂的技术问题，获得国家专利或取得省级及以上涉农科技成果奖，产生显著的经济和社会效益；或为当地乡村振兴事业做出突出贡献，获得市级及以上相关领域重要荣誉奖励，业绩特别突出的乡村人才。

第十七条　申报乡村振兴高级电商营销师应符合下列条件：

（一）扎根乡村从事农村电子商务培训、营销、物流相关领域的乡村人才。

（二）具有较强市场意识和管理水平，接受新理念、新知识能力强，能运用现代的科技、信息等手段服务乡村建设发展，创办一定规模农村电子商务、营销、物流载体平台，带领农民增收致富。个人获得市级及以上电商大赛评选奖励或称号；或获得市级及以上专业（人才）奖项；或所创办的农村电子商务、营销、物流企业受到市级及以上奖励；或创办企业或专业经济合作组织等载体平台，带领农民增收致富，为当地乡村振兴事业做出突出贡献的乡村人才。

第十八条　申报乡村振兴高级农机化师应符合下列条件：

（一）扎根乡村从事农业机械生产、服务、推广、应用等相关领域的乡村人才。

（二）在农业机械化领域，实践水平较高，在当地有较高知名度，获得群众较广泛的认可和好评。解决农业机械及机械化生产实践中复杂的技术问题，获得国家专利或取得省级及以上农业机械化领域科技成果奖，产生显著的经济和社会效益；或为当地乡村振兴事业做出突出贡献，获得市级及以上相关领域重要荣誉奖励，业绩特别突出的乡村人才。

第三章 初、中级职称评审

第十九条 乡村振兴人才初、中级职称评审标准由市人力资源和社会保障局会同市农业农村局结合本地区实际情况制定，评审标准和评审结果报省人力资源和社会保障厅备案。

第二十条 各市乡村振兴人才初、中级职称评审名额由省人力资源和社会保障厅会同省农业农村厅下达。

第四章 申报评审程序

第二十一条 省人力资源和社会保障厅牵头，会同省农业农村厅组织开展高级职称申报和评审工作。高级职称推荐申报人员须在县(市、区)级人力资源和社会保障局官网公示，公示无异议的，汇总报市人力资源和社会保障局，由市人力资源和社会保障局会同市农业农村局复核无误后汇总统一报省人力资源和社会保障厅。各市人力资源和社会保障局牵头，会同市农业农村局，按照下达的评审推荐名额组织开展本地区乡村振兴人才初、中级职称申报和评审工作。

评审程序按《安徽省职称评审工作实施办法》(皖人社发〔2018〕5号)文件有关规定执行。高级职称评审结果在省人力资源和社会保障厅官网公示，初、中级职称评审结果在市人力资源和社会保障局官网公示。严禁同时申报2个以上不同系列职称评审，对多头申报的，一经发现，将取消所有同时申报取得的职称。

第五章 附则

第二十二条 乡村振兴人才职称证书在"安徽省专业技术人员综合管理服务平台"自行打印，省内有效。

第二十三条 本办法由省人力资源和社会保障厅、省农业农村厅负责解释。

第二十四条 本办法自印发之日起执行。

附录二：农业农村部发布2024年度农业主导品种主推技术

农业农村部印发《农业农村部办公厅关于推介发布2024年农业主导品种主推技术的通知》(农办科〔2024〕4号)，推介发布了10项重大引领性技术，150个农业主导品种和150项主推技术，其中大豆、玉米、小麦、油菜等作物品种及单产提升技术占40%以上。

2024年农业重大引领性技术

1. 大豆苗期病虫害种衣剂拌种防控技术
2. 玉米(大豆)电驱智能高速精量播种技术
3. 小麦条锈病分区域综合防治技术
4. ARC功能微生物菌剂诱导花生高效结瘤固氮提质增产一体化技术
5. 染色体片段缺失型镉低积累水稻智能设计育种技术
6. “土壤—作物系统综合管理”绿色增产增效技术
7. 旱地绿色智慧集雨补灌技术
8. 秸秆“破壁—菌酶”联合处理饲料化利用技术
9. 功能性氨基酸提高猪饲料蛋白质利用关键技术
10. 深远海重力式+桁架式网箱接力养殖技术

2024年农业主导品种

大豆(14个)

黑河43、黑农84、黑农531、华夏10号、冀豆17、金豆99、蒙豆1137、南农47、齐黄34、绥农52、铁豆67号、油6019、郓豆1号、中黄901。

玉米(18个)

川单99、登海605、东单1331、联达F085、鲁单510、农科糯336、秋乐368、瑞普909、申科甜811、沃玉3号、翔玉998、优迪871、优迪919、豫单

9953、中农大678、中玉303、MC121、MY73。

小麦(17个)

百农4199、长6990、淮麦33、济麦22、济麦44、鲁原502、马兰1号、伟隆169、西农511、扬麦25、烟农1212、郑麦379、郑麦1860、中麦36、中麦578、众信麦998、新冬52号。

油料(15个)

油菜“邡油777”、油菜“沣油737”、油菜“华油杂50”、油菜“华油杂62”、油菜“宁R101”、油菜“秦优1618”、油菜“庆油3号”、油菜“青杂12号”、油菜“中油杂19”、油菜“中油杂501”、花生“花育33号”、花生“山花9号”、花生“豫花37号”、芝麻“豫芝ND837”、芝麻“豫芝NS610”。

水稻(14个)

川优6203、金粳818、晶两优华占、龙粳31、南粳5718、南粳9108、宁香粳9号、荃优822、泰优390、玮两优8612、宜香优2115、甬优1540、臻两优8612、中科发5号。

杂粮(7个)

谷子“晋谷21号”、谷子“张杂谷13号”、青稞“昆仑15号”、燕麦“坝莜14号”、高粱 “红缨子”、高粱“晋糯3号”、绿豆“中绿5号”。

棉花(6个)

华杂棉H318、鲁棉研37号、塔河2号、新陆早84号、源棉8号、中棉113。

蔬菜(17个)

马铃薯“京张薯3号”、马铃薯“陇薯7号”、马铃薯“青薯9号”、马铃薯“云薯304”、结球甘蓝“中甘56”、大白菜“京研快菜2号”、大白菜“早熟5号”、西兰花“台绿5号”、西葫芦“京葫42”、黄瓜“中农62号”、辣椒“湘辣731”、辣椒“艳椒425”、香菇“申香16号”、香菇“申香215”、茄子“农大604”、冬瓜“铁柱2号”、甘薯“济薯26”。

水果园艺（17个）

茶树“中茶108”、茶树“中茶302”、西瓜“京嘉301”、葡萄“黄金蜜”、葡萄“蜜光”、桑树“粤椹大10”、苹果“鲁丽”、苹果“秦脆”、荔枝“仙进奉”、甘蔗“桂柳05136”、柑橘“中柑所5号”、梨“翠玉”、香蕉“桂宝岛蕉”、香蕉“蕉9号”、橡胶树“热研879”、李“仕板晚柰”、紫花苜蓿“中苜4号”。

畜牧（14个）

川乡黑猪、金华猪、华西牛、夏南牛、湖羊、辽宁绒山羊、皖临白山羊、大午金凤蛋鸡、京粉6号蛋鸡配套系、岭南黄鸡I号配套系、白羽肉鸡配套系“沃德188”“圣泽901”“广明2号”、强英鸭、绍兴鸭、桑蚕“秋华×平30”。

水产（11个）

长丰鲢、大口黑鲈“优鲈3号”、福瑞鲤2号、黄金鲫、津新鲤2号、团头鲂“华海1号”、异育银鲫“中科3号”、凡纳滨对虾“海兴农2号”、罗氏沼虾“南太湖3号”、青虾“太湖2号”、中华绒螯蟹“光合1号”。

2024年农业主推技术

粮油类

大豆

1. 黄淮海夏大豆免耕覆秸机械化生产技术
2. 大豆玉米带状复合种植技术
3. 大豆宽台大垄匀密高产栽培技术
4. 大豆密植精准调控高产栽培技术
5. “一包四喷”大豆主要病虫草害全程绿色防控技术

玉米

6. 玉米密植精准调控高产技术
7. 玉米条带耕作密植增产增效技术
8. 夏玉米精准滴灌水肥一体化栽培技术
9. 东北半干旱区玉米水肥一体化技术

10.秋粮一喷多促增产稳产技术

11.夏玉米全生育期逆境防御高产栽培技术

小麦

12.冬小麦播前播后双镇压精量匀播栽培技术

13.旱地小麦因水施肥探墒沟播抗旱栽培技术

14.小麦匀播节水减氮高产高效技术

15.冬小麦贮墒晚播节水高效栽培技术

16.小麦—玉米周年“双晚双减”丰产增效技术

17.黄淮海小麦玉米周年“吨半粮”高产稳产技术

18.稻茬小麦免耕带旋播种高产高效栽培技术

19.小麦赤霉病“两控两保”全程绿色防控技术

20.小麦茎基腐病“种翻拌喷”四法结合防控技术

21.小麦条锈病“一抗一拌一喷”跨区域全周期绿色防控技术

22.冬小麦—夏玉米周年光温高效与减灾丰产技术

油料

23.油菜适时适宜方式机械化高效低损收获技术

24.冬闲田油菜毯状苗高效联合移栽技术

25.花生单粒精播节本增效高产栽培技术

26.酸化土壤花生“补钙降酸杀菌”施肥技术

27.花生主要土传病害“一选二拌三垄四防五干燥”全程绿色防控技术

28.花生病虫害“耕种管护”融合配套绿色防控技术

水稻

29.水稻叠盘出苗育秧技术

30.机插粳稻盘育毯状中苗壮秧培育技术

31.水稻“三控”施肥技术

32.再生稻头茬壮秆促蘖丰产高效栽培技术

33. 双季超级稻强源活库优米栽培技术

34. 双季优质稻“两优一增”丰产高效生产技术

35. 水稻病虫害全程绿色防控技术

36. 基于品种布局和赤眼蜂释放的水稻重大病虫害绿色防控技术

37. 信息素干扰交配控虫与植物免疫蛋白诱抗病害及逆境的水稻绿色防控集成技术

38. 长江中下游水稻病虫害防控精准减量用药技术

39. 长江中下游稻田化学农药减施增效技术

40. 南方双季稻丰产的固碳调肥提升地力关键技术

41. 水稻—油菜轮作秸秆还田技术

棉花

42. 盐碱地棉花轻简抗逆高效栽培技术

43. “干播湿出”棉田配套栽培管理技术

44. 机采棉集中成铃调控关键核心技术

45. 新疆棉花全生育期主要病害绿色防控技术

其他粮食作物

46. 燕麦“双千”密植高产高效种植技术

47. 马铃薯全生物降解地膜覆盖绿色增效技术

48. 西北旱区马铃薯轻简高效节肥增效技术

49. 鲜食型“双季甘薯”高效栽培技术

50. 丘陵山地甘薯生产绿色机械化栽培技术

蔬菜类

51. 设施主要果类蔬菜高畦宽行宜机化种植技术

52. 南方稻—菜(薹)轮作高效栽培技术

53. 蔬菜高效节能设施及绿色轻简生产技术

54. 露地蔬菜“五化”降本增效技术

55. 弥粉法施药防治设施蔬菜病害技术

56. 冬瓜减量施肥及“三护”栽培关键技术
57. 果木枝条替代传统木屑制作香菇和黑木耳菌棒关键技术
58. 香菇集中制棒、分散出菇技术
59. 毛木耳出耳全程轻简化精准调控技术

水果园艺类

60. 抗香蕉枯萎病品种关键栽培技术
61. 抗病品种配套调土增菌的香蕉枯萎病防控技术
62. 特色小型西瓜“两蔓一绳高密度”栽培技术
63. 设施西瓜甜瓜集约化节肥减药增效生产技术
64. 设施西瓜甜瓜“三改三提”优质高效生产技术
65. 荔枝高接换种提质增效技术
66. 葡萄三膜覆盖设施促早栽培技术
67. 果园“三定一稳两调两保”节肥提质增效技术
68. 果茶园绿肥周年套作高效利用技术
69. 生态低碳茶生产集成技术
70. 茶园更新改造提质增效关键技术
71. 茶园生态优质高效建设及加工提质集成技术
72. 蝴蝶兰促花序顶芽分化花朵增多技术
73. 基于“拟境栽培”中药材生态种植技术

畜牧类

74. 基因组选择提升瘦肉型猪育种效率关键技术
75. 高效、精准猪育种新技术—“中芯一号”育种芯片
76. 母猪节料增效精准饲养技术
77. 母猪深部输精批次化生产技术
78. 规模化奶牛场核心群选育及扩群技术
79. 犊牛早期粗饲料综合利用与配套技术
80. 奶牛高湿玉米制作及利用技术

81. 奶牛健康管理生牛乳中体细胞数控制技术
82. 肉羊多元化非粮饲料利用和玉米豆粕减量替代技术
83. 绒肉兼用型绒山羊选育扩繁及精准化营养调控技术
84. 南方农区肉羊全舍饲集约化生产技术
85. 北方地区舍饲肉羊高效繁育技术
86. 蛋鸭无水面生态饲养集成技术
87. 肉鸭精准饲料配方技术
88. 密闭式畜禽舍排出空气除臭控氨技术

兽医类

89. 猪场生物安全体系建设与疫病防控技术
90. 非洲猪瘟无疫小区生物安全防控关键技术
91. 牛结核病细胞免疫防控与净化技术
92. 围产期奶牛代谢健康监测及群体保健技术
93. 动物疫病检测用国家标准样品和标准物质研制技术
94. 禽白血病快速鉴别检测与净化关键技术
95. 家蚕微粒子病全程防控技术

水产类

96. 稻渔生态种养提质增效关键技术
97. 鱼菜共生生态种养循环技术
98. 罗非鱼低蛋白低豆粕多元型饲料配制技术
99. 鲟鱼“池塘+网箱”高效健康养殖技术
100. 水产绿色高效池塘圈养技术
101. 大水面鱼类协同增殖技术
102. 低能耗循环水养殖关键技术
103. 淡水池塘绿色养殖尾水治理技术
104. “以渔降盐治碱”盐碱地渔业综合利用技术
105. 深远海网箱安全高效养殖技术

资源环境类

106.东北黑土区耕地增碳培肥技术

107.瘠薄黑土地心土改良培肥地力提升技术

108.东北黑土区有机物料深混还田构建肥沃耕层技术

109.红壤旱地耕层“增厚增肥+控蚀控酸”合理构建技术

110.华南三熟区酸化耕地土壤改良与培肥技术

111.东北半干旱风沙区生物耕作防蚀增碳培肥技术

112.木霉菌联合秸秆还田土壤高效培肥技术

113.农业有机固废酶解高效腐熟关键技术

114.盐碱地水田“三良一体化”丰产改良技术

115.盐碱耕地耕层控水培肥适种综合治理技术

116.旱作农田拦提蓄补“四位一体”集雨补灌技术

117.设施蔬菜残体原位还田+高温闷棚土壤处理技术

118.“控—减—用”设施菜地面源污染防控技术

119.南方镉铅污染农田生物炭基改良技术

120.寒旱区农村改厕及粪污资源化利用技术

贮运加工类

121.玉米和杂粮健康食品加工与品质提升关键技术

122.玉米花生烘储真菌毒素防控与分级利用关键技术

123.柑橘采后清洁高效商品化处理技术

124.果品商品化高效处理与贮藏物流精准管控技术

125.生猪智能化屠宰和猪肉保鲜减损关键技术

126.大宗淡水鱼提质保鲜与鱼糜制品高质化加工技术

农业机械装备类

127.玉米膜侧播种艺机一体化技术

128.玉米局部定向调控机械化施肥技术

129.玉米机械籽粒收获高效生产技术

130. 小麦无人机追施肥减量增效技术
131. 冬小麦机械化镇压抗逆防灾技术
132. 小麦高性能复式精量匀播技术
133. 江淮稻—油周年机械化绿色丰产增效技术
134. 水稻钵苗机插优质高产技术
135. 整盘气吸式水稻精量对穴育秧播种技术
136. 设施瓜类蔬菜轻简宜机化生产集成技术
137. 辣椒机械化移栽和采收关键技术
138. 苹果生产宜机化建园与机械化配套关键技术
139. 山地果园自走式电动单轨智能运送装备与应用技术
140. 果园农药精准喷施技术与装备
141. 茶园全程电动化生产管理技术
142. 黑土地保护性耕作机械化技术
143. 草本化杂交桑机械收获与多批次连续化养蚕技术

智慧农业类

144. 长江流域稻麦“侧深机施+无人机诊断”全程精准施肥技术
145. 温室精准水肥一体化技术
146. 肉鸡数智化环控立体高效养殖技术
147. 规模蛋鸡场数字化智能养殖技术
148. 蛋鸡叠层养殖数字化巡检与绿色低碳环控技术
149. 生猪生理生长信息智能感知技术
150. 农业AI大模型人机融合问答机器人服务技术

参 考 文 献

[1] 孟庆宇.我国农业技术推广模式文献综述研究[J].农村经济与科技,2017,28(14):208–209.

[2] 杨丽娟,乔露娇,张正群.我国农业科研人员参与农业技术推广研究综述[J].农技服务,2018,35(6):107–110.

[3] 朱琳.世界农业技术推广情况综述[J].农业经济,1995(11):20–22.

[4] 胡瑞法,李立秋.农业技术推广的国际比较[J].科技导报,2004(1):26–29.

[5] 谢培山.国内外农业技术推广体系建设研究综述[J].现代企业教育,2013(22):381–382.

[6] 杨宝智.我国农业技术推广体系的改革创新与发展趋势研究[J].种子科技,2022,40(5):142–144.

[7] 王华君,李淼,王华斌,等.新型大学农业推广在乡村振兴中的作用与实践:以安徽农业大学为例[J].安徽农业大学学报(社会科学版),2021,30(5):36–41.

[8] 戴照力,夏涛.基于农业推广服务乡村振兴的路径探索与实践:以安徽农业大学为例[J].中国农业教育,2021,22(1):14–19.

[9] 陈丽,张小楠.新疆高等农业院校农业技术推广现状与前景展望[J].农业展望,2019,15(2):55–59.

[10] 黄颖.大学协同开展农技推广服务工作的探索与实践:以南京农业大学为例[D].南京:南京农业大学,2021.

[11] 柴颖,宋伟,陈红丹.分析我国精准农业推广现状[J].农机使用与维修,2021(6):55–56.

[12] 程映国.现代农业推广方式——美国农场科学展[J].中国农技推广,2020,36(12):23–25.

[13] 王美娜,程瑞娜.农业推广方法的选择与应用研究[J].乡村科技,2019

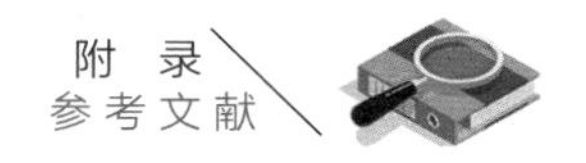

(13):48–49.

[14] 曹明星.安徽省农业技术推广模式研究[D].合肥:安徽农业大学,2019.

[15] 叶建利.浙江省农业推广模式研究[D].咸阳:西北农林科技大学,2015.

[16] 张文胜.新时期农业技术推广主要形式以及方法研究[J].农业与技术,2017,37(18):171.

[17] 赵洪刚.农机推广工作实施过程中的技术指导与沟通技巧[J].农机使用与维修,2021(5):49–50.

[18] 刘大威,闵萱,杨仁灿,等.社工视角下农技推广员与农民的沟通模式研究:以岳阳市平江县为例[J].安徽农业科学,2016,44(13):238–241.

[19] 周锡勤,吴金民,范金水.农业推广沟通程序简论[J].安徽农学通报,2012,18(19):195–196.

[20] 张世炳.论沟通与农业推广[J].中国农业信息,2013(11):228.

[21] 安心,惠曌华.浅析沟通在农业技术推广中的作用[J].甘肃农业,2019(11):107–108.

[22] 朱亚文.安徽省农村专业技术协会技术推广能力及培训效应研究[D].合肥:安徽农业大学,2022.

[23] 潘国亮.现代农业推广学课程体系及教学改革创新路径研究[J].现代农业,2021(4):105–106.

[24] 易郴,严峰,黄瑜,等.对农业推广试验的设计与实施的思考[J].农家顾问,2014(13):48.

[25] 丁国文,朱立娟,曲凤海.农业推广试验探析[J].吉林农业,2012(11):119.

[26] 刘禹含.农业技术试验示范、推广及新技术运用科技探讨[J].农家参谋,2020(13):47.

[27] 陈静.农业新技术、新品种的试验示范和推广存在的问题及对策[J].农业灾害研究,2021,11(8):156–157.

[28] 蔺欣艳.新疆农业科学技术推广实施成效、问题及对策[J].南方农业,2022,16(16):165–168.

[29] 李茂蓉,朱刚,曾小莉,等.影响农业新技术新品种的试验示范和推广的因素及对策[J].四川农业科技,2011(11):51–52.

[30] 赵婧，李星，冯朝成，等．基于抓点示范的农业技术推广方式探讨[J]．甘肃农业科技，2022，53(7)：52-54.

[31] 牛嘉丽，时杉杉，孙璐．线上农业技术推广可行性分析[J]．新农业，2022(3)：75.

[32] 周建容，马毅．农业推广信息化平台建设的创新思考[J]．新农业，2021(5)：104.

[33] 杨巧英．浅谈基层农技推广工作的现状及发展对策[J]．农家参谋，2021(14)：45-46.

[34] 姜婷．湖北省农技员推广绩效实证研究[D]．武汉：华中农业大学，2013.

[35] 沈剑，王芹，何孝卫．浅析县乡农技推广体系现状及其对策[J]．农民致富之友，2017(16)：1.

[36] 张蕾．基层农技推广机构管理制度及其对农技员技术推广行为的影响研究：以“水稻科技入户”示范县为例[D]．南京：南京农业大学，2012.

[37] 杨洲．基层农技推广人力资源管理制度研究：以道县为例[D]．长沙：湖南农业大学，2018.

[38] 唐晓萍．基层农业推广人员管理问题研究：以龙山县为例[D]．长沙：湖南农业大学，2012.

[39] 吴亚平．基层农业技术推广制度对农技员技术推广行为的影响分析[J]．畜禽业，2020，31(1)：23.

[40] 邵军辉．巴州基层农业技术推广管理系统的设计与实现[D]．济南：山东大学，2015.

[41] 赵东浩．基层农业技术推广人员绩效考核指标体系构建及激励机制研究：以大同市为例[D]．太原：山西农业大学，2019.

[42] 江惠民．农业科技推广绩效考核指标体系构建及评价分析：以泰宁县为例[D]．福州：福建农林大学，2015.

[43] 高玉荣，战永君．农业推广工作评价的目的、原则与内容[J]．吉林农业，2015(4)：113.

[44] 王守国，宫少斌．农业技术推广[M]．北京：中国农业大学出版社，2012.

[45] 高启杰．农业推广学[M].4版．北京：中国农业大学出版社，2018.

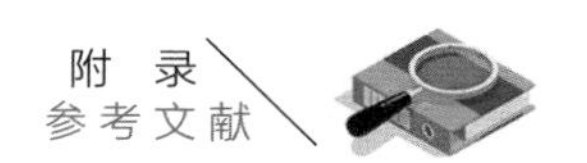

［46］高启杰.农业推广学案例［M］.北京：中国农业大学出版社，2018.

［47］徐森富.现代农业技术推广［M］.杭州：浙江大学出版社，2011.

［48］王迎宾.农业技术推广［M］.北京：化学工业出版社，2010.

［49］任学坤.农业技术推广［M］.北京：中国农业大学出版社，2023.

［50］王祖力.我国农业技术推广体系发展历史、现状与思路［J］.内蒙古农业科技，2005(2)：1-3.

［51］潘宪生，王培志.中国农业科技推广体系的历史演变及特征［J］.中国农史，1995(3)：94-99.

［52］于德，王华斌.新型大学推广模式服务乡村振兴战略的路径选择［J］.中国高校科技，2019(4)：85-88.

［53］贺娟，梁健，刘阿康，等.2022年持续开展绿色高质高效农业创建实践与成效［J］.中国农技推广，2023，39(4)：7-9.

［54］赵婧，李星，冯朝成，等.基于抓点示范的农业技术推广方式探讨［J］.甘肃农业科技，2022，53(7)：52-54.

［55］伍强强，房欢欢，李小虎，等.不同土壤封闭除草剂对麦田阔叶杂草的防效研究［J］.现代农业科技，2022(24)：83-85，94.

［56］孙永立.更好发挥审定标准对品种创新的引领作用:解读国家级稻、玉米品种审定标准［J］.中国食品工业,2021(12):29-31.

［57］中共安徽省委办公厅，安徽省人民政府办公厅.印发《关于加快推进乡村人才振兴的实施意见》的通知［A/OL］.(2021-11-23)〔2024-03-19〕.https://www.aaas.org.cn/wap/public/content/19201896.

［58］农业农村部办公厅.关于推介发布2023年农业主导品种主推技术的通知:农办科〔2023〕15号［A/OL］.(2023-06-09)〔2024-03-19〕.http://www.moa.gov.cn/govpublic/KJJYS/202306/t20230609_6429776.htm.

［59］农业农村部办公厅.关于做好2023年高素质农民培育工作的通知:农办科〔2023〕11号［A/OL］.(2023-05-15)〔2024-03-19〕.https://www.yn.gov.cn/ztgg/lqhm/lqzc/gbhqwj/202305/t20230520_259332.html.

［60］安徽省人力资源和社会保障厅，安徽省农业农村厅.关于印发安徽省乡村振兴人才职称评审实施办法的通知:皖人社秘〔2023〕146号［A/OL］.(2023-

06-15)〔2024-03-19〕.https://hrss.ah.gov.cn/zxzx/gsgg/8778051.html.

[61] 道客巴巴.农业推广组织与人员管理课件[Z/OL].(2023-10-09)〔2024-03-19〕.https://www.doc88.com/p-14361942207093.html.

[62] 辛小丽.全国农技推广体系建设工作研讨会在青岛莱西召开[C/OL].(2023-07-31)〔2024-03-19〕.http://www.qdcaijing.com/p/498853.html.

[63] 山东省农业农村厅.沂水县加强农技推广队伍建设,为乡村振兴提供人才支撑[EB/OL].(2021-12-27)〔2024-06-106〕.http://nync.shandong.gov.cn/xwzx/dfdt/202112/t20211224_3819453.html.

[64] 百度文库.农业推广组织与人员管理ppt课件[EB/OL].(2021-04-20)〔2024-03-19〕.https://wenku.baidu.com/view/63ae067c0229bd64783e0912a216147916117e0b.html?_wkts_=1709772695640.

[65] 周洪.安徽公布基层农技推广人才定向培养计划[EB/OL].(2023-06-07)〔2024-03-19〕.http://www.tibet.cn/cn/instant/local/202306/t20230607_7429911.html.

[66] 农业农村部办公厅.关于推介发布2024年农业主导品种主推技术的通知:农办科〔2024〕4号[A/OL].(2024-04-28)〔2024-05-14〕.http://www.moa.gov.cn/govpublic/KJJYS/202404/t20240428_6454601.htm.

[67] 长治市农业农村局.《中华人民共和国农业技术推广法》解读[EB/OL].(2018-08-06)〔2024-03-19〕.https://nyncj.changzhi.gov.cn/lssj/zcfg/201808/t20180806_1348891.html.

[68] 安徽省农业农村厅.关于推介发布2024年农业主推技术的通知[A/OL].(2024-03-04)〔2024-03-19〕.http://nync.ah.gov.cn/snzx/tzgg/57109271.html.

[69] 新华网.全国人民代表大会常务委员会关于修改《中华人民共和国农业技术推广法》《中华人民共和国未成年人保护法》《中华人民共和国生物安全法》的规定[A/OL].(2024-04-26)〔2024-05-29〕.http://www.xinhuanet.com/20240426/7016749f95af41d8916aa2e5610add74/c.html.